花园MOOK　静好春光号

Vol. 03 最是一年春

每一个春天都是新的，都有和上一个春天不同的观感。还来不及褪去冬衣，时光的脚步已经将我们带进了新的一个春天。

都市人也许早已远离了自然，但自然还是以它的规律在影响着我们。古代中国人根据在黄河流域地区观测到的太阳运行的位置，将一年划分为二十四节气，每个节气之间间隔 15 或 16 天。属于春天的节气一共有 6 个：立春、雨水、惊蛰、春分、清明、谷雨。

“雨水之日獭祭鱼，又五日鸿雁来，又五日草木萌动。惊蛰之日桃始华，又五日仓庚鸣，又五日鹰化为鸠。”古人的文字告诉我们，从雨水开始的 2 月 18 日前后到惊蛰结束的 3 月 19 日前后，正是各种植物萌动，早春花卉开花的季节。圣诞玫瑰、雪滴花、紫堇、早花的洋水仙、鸢尾等将陆续和我们见面，而举头仰望，树上的桃花、李花和早樱已经非常灿烂了。

晚春时节又会是什么样的呢？“清明之日萍始生，又五日鸣鸠拂其羽，又五日戴胜降于桑，穀雨之日桐始华，又五日田鼠化为鴽，又五日虹始见。”从 4 月 5 日前后到 5 月 4 日前后，水生花卉开始萌芽，山里的油桐开始开花。而到了 4 月底 5 月初，睡莲和碗莲的叶片开始浮出水面，晚樱也许落下了它最后一片花瓣，而山里的杜鹃正无愧其“映山红”的名号将大山映红，院子里的苦楝树也用星星般的白色花朵点亮夜空。

春季的植物不仅仅向我们展示了缤纷绚丽的色彩和无与伦比的美感，也是我们和自然沟通互动的好伙伴。

在这个新的春天里，《花园 MOOK·静好春光号》将带来全新的花园观点。我们将通过特集中的森林系庭院生活，学习如何在花园里用心去感受自然；还将看到玫瑰＋草花的绝佳搭配法，参观一对夫妇在多年的共同生活中磨合打造出的美丽玫瑰园。至于都市阳台族，除了欣赏充满春天气息的组合盆栽，还可以通过一位大叔在公寓顶楼打造的梦境般的水生花园，学习利用花草做环保园艺。

季节影响着植物，植物又以美好的观感影响着我们。在这静好的春光里，尽情欣赏花儿们的表演吧，而我们也得做好舞台后勤，将属于花儿们的戏剧推向高潮！

花园 MOOK 编辑部

图书在版编目（CIP）数据

花园MOOK·静好春光号 /（日）FG武蔵编著；药草花园等译. — 武汉：湖北科学技术出版社，2017.2（2018.6重印）
ISBN 978-7-5352-8093-0

Ⅰ.①花… Ⅱ.①F… ②药… Ⅲ.①观赏园艺—日本—丛刊 Ⅳ.①S68-55

中国版本图书馆CIP数据核字(2017)第044358号

主办：湖北长江出版传媒集团有限公司
出版发行：湖北科学技术出版社有限公司
出版人：何龙
编著：FG武蔵
特约主编：药草花园
执行主编：唐洁
翻译组成员：陶旭 白舞青逸 末季泡泡
MissZ 64m 糯米 药草花园
本期责任编辑：张丽婷

渠道专员：王英
发行热线：027-87679468
广告热线：027-87679448
网址：http://www.hbstp.com.cn
订购网址：http://hbkxjscbs.tmall
封面设计：胡博

2017年3月第2版
2018年6月第3次印刷
印刷：武汉市金港彩印有限公司
定价：48.00元

欢迎加入 QQ 群
"绿手指园艺俱乐部 235453414"

花园MOOK·静好春光号

CONTENTS Vol.03 Spring

Green life
beautiful garden

让身心投入自然的怀抱

森林系庭院生活

最近，绿意丰沛的清爽庭院备受园艺爱好者瞩目。
树木的浓荫、风吹树叶的声音、丰富的彩叶打造出舒适宜人的“森林系庭院”。
晴天，树叶间漏下的光点在脚边起舞；雨天，绿叶被冲刷得熠熠生辉……
森林系庭院里的各种美景，不断地滋润着日常的生活。
在本期的卷首特辑里，我们就通过几处案例庭院一起来看看如何通过选择和种植树木、观叶植物，
以及如何合理配置作为焦点的花卉，打造一座清新馥郁的森林系舒心庭院。

Contents

餐桌椅周围，浓淡不同的绿色变幻出丰富的表情。地被草仿佛要从花坛中弥漫而出般覆盖着地面，让小小的空间充满自然野趣。

My garden, Relaxing time

Part 1

被绿色包围的特等坐席

可以和草木亲切对话的专属宝地

在庭院一角放置的餐桌和长椅上小憩，
眺望四边郁郁葱葱的植物，心情不可思议地平静下来。
在庭院里营造一处专属自己的场所，
享受独自一人的宁静时光吧！

餐桌椅周围
装点着生机勃勃的彩叶

在房屋密集的住宅小区里，往往会感到透不过气。但是穿过门口木香缠绕的拱门，就仿佛进入了一个完全不同的世界。狭小却不失水润的彩叶花园，好像一座漂浮在城市沙漠里的绿洲。两年前主人对园路细长的庭院进行了扩张，在住宅的后面建造了一所新的庭院。为了能自如环游整个庭院，又在庭院中间围绕着拱门设置了圆形小径。再加上供休憩的长椅和餐桌，制造出令人印象深刻的场景。

从前庭院较小的时候，主人做了很多组合盆栽和吊篮来观赏。现在有了宽阔的庭院，自然而然地利用到从前积累的经验和感觉，仿佛制作组合盆栽一般，在花境和花坛里也反复斟酌植物的配置构成。通过细心选择草花的叶片形状，在有限的空间里，制造出一个既生机勃勃，又富于变化的自然派庭院。

看着庭院里葱茏的草木，让人绝对想不出这里只有一年的历史。从前院移栽过来的植物，还有新培育的草花都在茁壮成长。“大概是天然肥料的功劳吧！”主人谦逊地说。

目前，这座地栽花园还在初始阶段，随着时间的推移，相信它会更有韵味，更接近主人的梦想。

My garden, Relaxing time

绿意葱茏的宜居空间 彩叶植物打造 美妙的对比

相互映衬的叶片组合在一起，营造出十足的分量感

叶片为主的荫翳角落，加入颜色明亮的斑叶玉簪和羊角芹（*Aegopodium podagraria* 'Variegata'），只靠观叶植物就营造出热闹的氛围。

添加焦点色彩 制造富于变化的植栽

1. 伸出长长花茎的古铜色矾根，成为引人注目的焦点。
2. 莱姆绿色的石菖蒲流线形的叶片，烘托出楚楚动人的氛围。

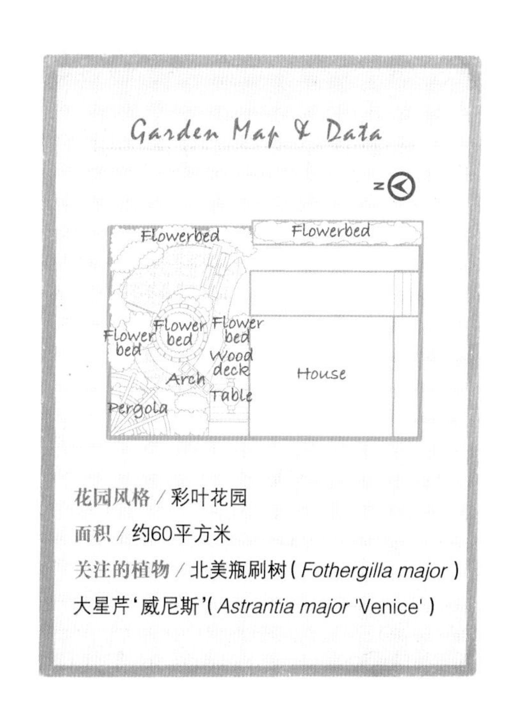

花园风格 / 彩叶花园
面积 / 约60平方米
关注的植物 / 北美瓶刷树（*Fothergilla major*）
大星芹'威尼斯'（*Astrantia major* 'Venice'）

匍匐性的百里香仿佛地毯般覆盖着园路。两侧是叶形美观的玉簪和黄绿叶色的岷江蓝雪花（*Ceratostigma willmottianum* 'Palmgold'）。

彩叶花园的

点睛之笔

摇曳的绿叶
引得客人不知不觉地走向蓝色长椅

茂密的地被草中匍匐植物描绘出动态的线条，强调出青葱的感觉。高低层次的园路引出富有纵深感的风景。

成熟风格的吊篮
成为了点睛之笔

在玄关门口，大型的吊篮不可或缺。以大爱的观叶植物为主角，大方雅致。作为聚焦功能还添加了可以食用的芥兰菜。

明亮的碎石块
赋予园路流动的质感

明亮的地面铺装让植物的绿色更加悦目。硬质资材采用了富于人情味的碎石块，造就出自然的氛围。

墙面的展示
把庭院点缀得更美丽

为了遮挡邻居的墙面，设置了爬满月季的屏风式栅栏。壁龛形花架成为组合盆栽和小物件的展示舞台。

细长的园地中间开辟了一条小径，两边栽上蓬松的地被草本植物。庭院中心放上几件户外家具，郁郁葱葱的树木和草花，进一步提升了幽静私密的感觉。

充满魅力的地被草让花园拥有连续不断的表情变化

大株的藤本月季‘白花巴比埃’和高大的樟树密生头顶，投下柔和的绿荫。凉亭、拱门等构造物构成L形的空间，被丰茂的草木包围，仿佛是一条绿色的通道。

从前这个庭院繁花盛开，随后逐渐变成了以绿色为主，最终成为如今这个富于叶色之美与丰富多彩植物类型的绿色之园。枝叶沙沙摇曳的声音、小鸟清脆的鸣叫，让人身心得到舒缓。

决定整座花园氛围的是大量的地被草本植物，无论视线投向哪个方向，充盈的绿色都柔润着来访者的心灵。白色的花与彩色的叶交织错落，调和出明亮的色泽。每个角落的细心配置，整体上的和谐统一，连续不断的雅致小景，造就出这座森林胜境。

My garden, Relaxing time

树木和地被草 丰沛的绿色 提升了庭院的私密感

被绿色包围的长椅 设计精妙的角落

庭院的一角配置了长椅，利用树木稍稍掩饰，让气氛更加幽静。背景放置了展示花架，陈列着杂货饰品。

白色的小花和紫色风铃草给花坛的一角带来清爽

花枝繁茂的原生野蔷薇和楚楚动人的紫花风铃草，组成雅致的组合，洋溢着宁静的气息。

各种不同的叶形搭配 造就充满野趣的场景

在拱门旁边，可爱的六月莓初染上红色，柔软的枝条下种植了玉簪、黑三叶草、德国堇菜等彩叶植物。

叶片和果实 质感考究的颜色 让场景更加多彩

1. 六月莓水滴般通透的翠绿色果实非常美丽。
2. 地被植物使用了蛇莓和过路黄，浓淡的色彩对比增加了野趣。
3. 充满清凉感的银边红瑞木（*Cornus alba*），适合在阴地生长，是特别适宜绿色花园的斑叶品种。

柔美可爱的小花 连接着树木和小草

草花选用了坐下来恰到视线高度的植物，例如奥莱芹、矢车菊等，清新而纤细的花朵，演绎出自然的感觉。

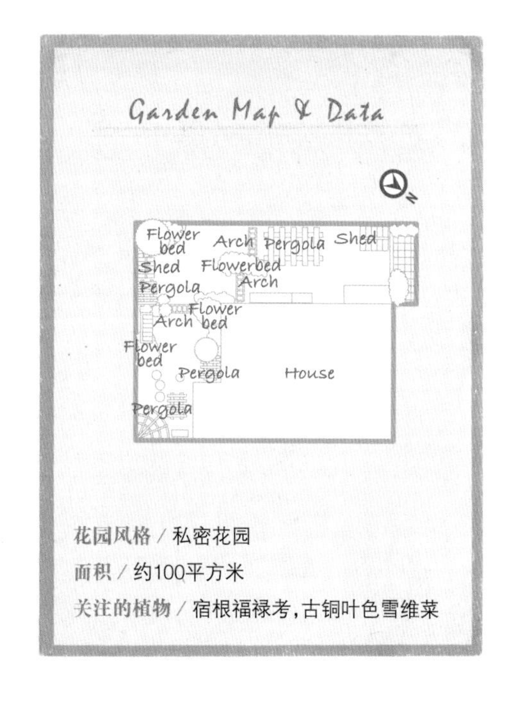

私密花园的
点睛之笔

枝叶掩映中的展示花架
提升了景色的格调

在长椅后面部分可见的展示花架，是主人亲手制作的。富有韵味的工具和小杂货，酝酿出温暖的诗意。

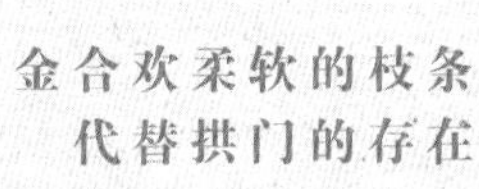

金合欢柔软的枝条
代替拱门的存在

在园路的中央，头顶上是欣欣向荣的金合欢树，它把前院和后方的日式花园分隔开来。这棵金合欢是应园主已经出嫁的女儿的要求种植的，因为女儿想用它的干燥枝条制作花环。

色调干净的小屋墙面
让园路豁然开朗

主人亲手刷成淡绿色的收纳小屋，成为了庭院的中心。并在其前面放置盆花用以装饰，使其成为引人注目的一景。

树木脚下种植着大株的玉簪
渲染出色彩明快的画面

香樟树下组合种植了品种各异的玉簪，其宽大的叶片绚丽夺目。玉簪是耐阴植物，在树荫下生长得格外繁茂。

在室内也可以尽情欣赏清爽的植物

客厅的落地窗外是大片的绿色。身处房间中也仿佛被植物所包围，清幽的环境令人欣羡不已。

叶片繁茂的古铜色树木强调出小径的幽深感

在乔木和脚下的地被草之间是些高 1 米左右的草花和灌木。古铜叶色的观赏蓼‘红龙’，烘托出小径的纵深感。

Part 1

山野风情的原生态庭院在枝叶交叉的小径前方设置了小客厅

大型的桌椅搭配是为了和友人共度美好时光

在开阔地放置的大型桌椅套装，是和花友们聚餐、饮茶的好地方。距离客厅很近，也便于准备食材。

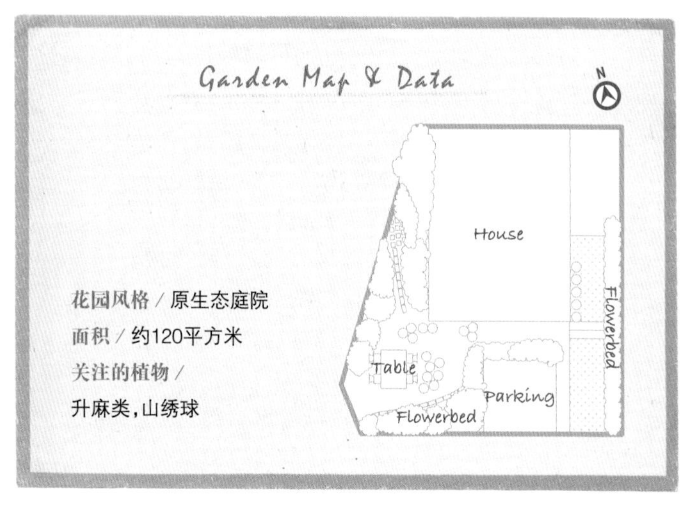

花园风格 / 原生态庭院
面积 / 约120平方米
关注的植物 / 升麻类，山绣球

My garden, Relaxing time

错落种植的地被草
演绎出自然的风情

错落铺设的小径台阶以及搭配种植的地被草，添加了自然的魅力，让人仿佛漫步山间。

营造山野般的风景 植物选择是关键

主人喜欢登山，对山间野生的植物也很熟悉。从10年前开始模仿山野间的风景，种植了枹栎和山胡椒等小乔木，逐步营造出一个绿意丰盈的原生态庭院。

庭院里最为经典的作品是从餐桌椅向花园深处延伸的小径。乔木、灌木、山野草和宿根植物的枝叶，从头顶到脚下层层叠叠披拂下来，仿佛亲临山间小径一般。这种对自然真实的再现，正显示了主人对山野的熟知。

“在山上生长的植物不容易买到，而且有的品种生长过于茂盛、不易管理，于是我想办法用其他类似的植物来代替。”主人这样说。例如，连接乔木和地被草的常绿灌木，就选用了生长较为缓慢的茶花和蕨类来代替山间自然生长的原生植物。

现在庭院里来访的小鸟有十多种，日复一日地展现着通常在山野间才能看到的自然风采。

原生态花园的 点睛之笔

添加
精致的小物件
作为亮点

为了防止浇水时伤到植物，设置了这个水管罩。设计上特意选择了适宜绿色植物叶片的雅致造型。

Garden of the tree

Part 2

这里只有枝叶间漏下的光影

带来幸福感的小小树木庭院

在微风吹拂的日子里，树叶间点点漏下的光点，
在园路和地被草上描绘出自然的图影。
清新自然的光景，
带来日常的小小幸福感。
丰盛的树木和地被草，交织着光影的变幻，
让我们来看看这些温馨的树木庭院吧！

古色古香的红砖小径
与野趣盎然的花坛浑然一体

从入口处完全看不透的庭院，随着小径的延伸，红色的小屋突然出现，开有大窗户的工作室也映入眼帘，令人惊喜。

自然风格的花坛
用深沉的黑色来聚焦

配置了三色堇、珍珠菜等的黑色花朵，在绿色浓郁的植栽里点缀出深沉的一笔，让花坛显得多彩多姿。

零星点缀的小花 营造出牧歌般柔美的风格

种植可以收获的果树 打造出森林风格的果树庭院

这所住宅位于公共住宅区，背后是政府管理的绿化林，有幸从这片巨大的森林里借景，让丰沛的绿色环绕着庭院，仿佛生活在大森林中。

初来这里访问的人们都会很吃惊。庭院里所有的树木，都是主人夫妇亲手种植的，现在已经有了15种之多的果树：苹果、桃子、柠檬……这些果树花、果实、红叶的更迭，使美好的景致一年中变化不绝，让人充分感受到四季之美。

在倾斜的地基铺设起伏的小径和台阶，再在果树中种上一两株树皮优美的白桦树和开白花的秤锤树，制造出亮眼的一景。在树木的脚下和花坛里，点缀着应景的小花型草花和山野草，更增添了森林般的气氛。

这座庭院和背景融为一体，形成一个富于纵深感的空间。野生的松鼠和兔子的频繁到访，让其每天都流淌着与周边的城市生活彻底不同的时光。

和邻居之间的边界设置了较高的遮挡围栏。间隔涂刷成白色，配上脚下的淡色小花和明亮的叶片，减少了压迫感和阴暗感。

数种构造物 打造出戏剧性的变化

枝叶间洒下的光点落满清新感的空间，让室内也充满了清爽的凉意。主人在距离庭院较近的地方，设置了一间工作室，以作教授缝纫课程之用，全国各地都有爱好者前来学习。天气好的时候，也可以把花园用作自己作品的拍摄背景。

主人每年都要对花园多少做点改造，所以花园的面貌总有新意。去年在木甲板上放置了一座亭椅，这座亭椅很快成了主人最爱的场景。

包括现在正在建设的新工作室，木甲板、栅栏等，各种构造物都是主人的大作，因为是手工制作，别有一种朴拙天然的韵味，这些构造物已经成为这座果树庭院里不可缺少的重要元素。同人的生活一样，果树庭院也在不断地变化中。不惜劳力创造着美和舒适的夫妻俩，身心都在这座庭院里得到了磨砺。

一人宽的小径 有着林中步道般的趣味

头上伸展的枝叶，仿佛在穿过林荫隧道；红砖铺设的小径，更显得韵味十足。

和缓的台阶
激发着
对前方的期待

配合有坡度的地基，铺设了蜿蜒的台阶，诱发来访者向前探索的意欲。灌木月季'芭蕾舞女'也像野生种一般地蓬勃生长。

充满意气飞扬的青春活力

自然的植栽让室内
也充满静谧的气息

从温室看出去的风景，白桦树和自生的麻栎树，造就了仿佛高原般爽朗的景致。这里是主人大爱的视角，仿佛可以看到时光如水般静静流逝。

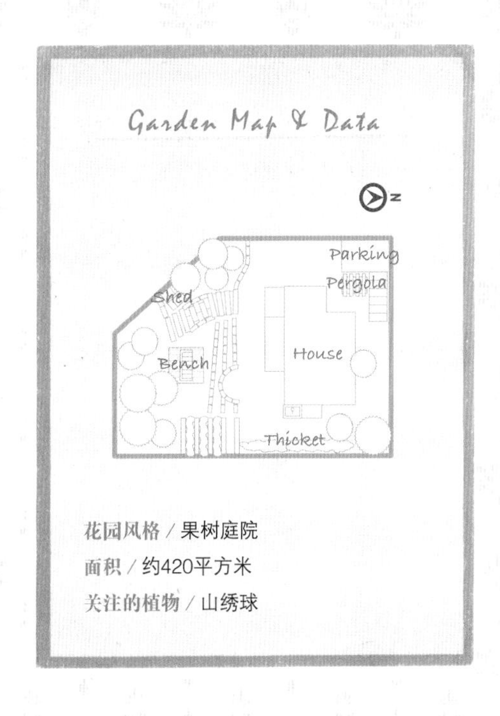

花园风格 / 果树庭院

面积 / 约420平方米

关注的植物 / 山绣球

古铜叶色的朱蕉有着雕刻般的造型，白斑纹的宝盖草给予了绿色丰富的变化。随手放置的杂货则让气氛更加自然。

果树庭院的点睛之笔

给予植栽独特韵味的植物们

葱茏绿意中的一点红

形态端庄、古铜叶色的观赏蓼‘红龙’和紧邻的观叶植物相互映衬，显得协调而雅致。

荫翳下明亮柔和的色彩

山绣球在绣球家族中以纤细的花姿而著称，具有楚楚动人的观感。喜好半阴处，最适合种在乔木树下。

草与草之间的连接

姿态独特的泪滴草，蓬松的花穗适宜作为庭院的地被覆盖。喜好半阴处，和质感厚重的草花很搭。

映衬在绿叶中的彩色家具和构造物

红和白搭配的椅子和高凳

把儿童椅子涂刷上红和白的油漆，当作花台来展示盆花。

引人注目的蓝色栅栏

手工制作的木头栅栏刷上亮蓝色油漆，清爽的蓝色给稍显沉闷的环境抹上亮丽的一笔。

新作的蓝灰色工具房

木甲板上设置了主人手工制作的工具小屋，成为醒目的风景要素。

Part 2

玫瑰和树木的组合美妙动人让人想起高原的清爽景致

全年都可以欣赏四季变化之美的庭院

被树木包围的庭院仿佛度假地的别墅一般。枝梢向木甲板上投下阴影，清爽的凉风摇曳着枝叶。

当初购买这座房子时，主人曾为过强的日照和大风而发愁。为了解决这两个问题，主人在庭院的周围种下大量木本植物。现在，这里春天有樱花，初夏有蔷薇，秋天有红叶，还有白桦和枫树等不会开出华美花朵的树木，一年四季绿意盎然。

为了让庭院更有立体感，主人还将木甲板和凉亭置于庭院。在餐桌椅旁正好可以看到在葱茏绿叶中盛开的月季和蔷薇。在栽种月季时，不仅做到了栽种高度吻合视线高度，颜色的选择上也做到了可以使其从浓郁的绿叶中清晰浮现出来的淡色系。最后，又在园中开辟了可以环游一周的小径，建成了这座四季分明、变幻有致的完美庭院。

3 年前，女主人把自家的部分房间装饰成园艺杂货店“tasha”，在这里可以和客人们一边眺望庭院，一边在木甲板上聊天。此外，主人还为小鸟们在树上设置了鸟窝，春天观察小鸟忙碌地育雏，让人充分体会到与自然亲密接触的乐趣。

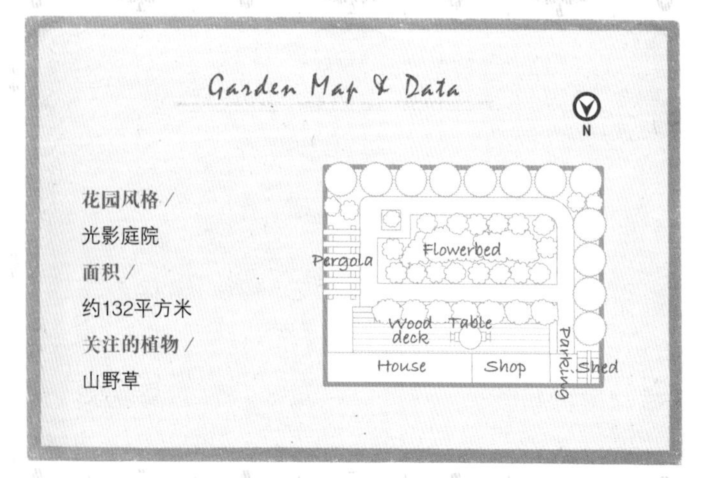

花园风格／
光影庭院
面积／
约132平方米
关注的植物／
山野草

木制的塔形花架成为绿色植栽的焦点

支撑宿根植物的塔形花架，由自然的木头制成。朴素的质感和简洁的设计，与树木浑然一体，成为绿色中的打眼景致。

在凉亭下面 欣赏玫瑰和果实

在凉亭旁边，盛开着古典玫瑰‘菲利希亚’。作为支撑的李子树已经白花满树，而此后接踵而来的果实也令人期待。

木甲板上设置的桌椅套装是眺望花园的特等坐席

秤锤树等小乔木和英国月季包围的木甲板，是可以看到整个庭园的绝佳地点。在桌椅周围的植栽采用了低调的色系，避免太过花哨晃眼。

在小径的中间设置了种植樱花树的花境，树下是绿油油的地被草，仿佛走进了林中秘境。

从凉亭看出来的风景，红枫和栎树的枝叶繁茂，搭配‘休姆主教’‘甜蜜的朱丽叶’两种月季，制造出童话森林般的风景。

光影庭院的
点睛之笔

楚楚动人，装点绿色草木的花和果实

具有透明感的果实

在树荫下生长良好的木莓，非常适合树木众多的庭院，鲜艳的红色果实在绿叶中闪闪发光，虽然个头很小，但是存在感十足。

草花的颜色让玫瑰更显眼

最适合和玫瑰搭配的草花颜色是白色、蓝色、紫色。把花朵较小、没有太多个性的柳穿鱼种在树木脚下，显得轻松自然。

树木间可以看到的白花

宿根植物钓钟柳黑色的花茎和白色的花朵对比鲜明。种在庭院后方时，从树木间正好看到亮闪闪的白花，极具魅力。

和树木搭配协调的玫瑰

作为主角的柔和色系

恰好处于视线高度的玫瑰，种植在凉亭前方。显眼之处的玫瑰宜选择淡淡的柔色系。

半藤本的玫瑰牵引到树上

古典玫瑰‘威廉·罗伯’从上方伸下来的藤条攀上树木，沉稳的紫红色花自然地融入绿色里。

色彩鲜艳的玫瑰种在树荫下

把深色的‘休姆主教’种植在不显眼的地方，鲜艳的花朵成为树荫处的亮点。

Part 3

Beautiful green Garden

一边走一边看

可以环游的设计
充满魅力的玫瑰庭院

每天踏入园中，在圆环形的花园里边走边看

仿佛玫瑰森林般的小小庭院，园路和树木的搭配方法值得学习和关注

以玫瑰花架为中心环绕一周的园路，变化角度看看玫瑰和周围的树木，风景也会变化，可以一边走一边欣赏各种风景。

珠宝盒般的玫瑰花架 以树木为背景更加好看

从玫瑰花园到树木和玫瑰交相辉映的庭院

女主人一直很喜欢玫瑰，种植了大约 40 个品种，除了已有的盆栽、地栽和香草组合之外，又想到把大爱的玫瑰和树木组合起来，在其中散步休闲。随着时日，这个梦想日益丰满起来。

3 年前，她以“光影闪烁的治愈系庭院”为主题，把花园全面翻新了一遍。基础建设交给设计师，自己来逐步改进、充实各个细节，最后打造出这座充满芳香的理想庭院。

环绕庭院的小径两旁种植着桂花、茶树、冬青等枝叶婆娑的树木，散步时不停有各种绿叶映入眼帘。当然，这个园子里最让人过目不忘的还属园路中间设置的玫瑰花架。这个占地4平方米，庞然大物般的四方形框架上面盘绕了 5 种粉色的玫瑰和月季。这样一来，玫瑰和月季不再零星散布，而是集中到这一立体的空间，创意精妙绝伦。

在玫瑰盛开的季节里，一边悠闲漫步，一边从树木枝叶间窥看隐现的花朵，已经成为主人每日的极乐时间。

Garden Map & Data

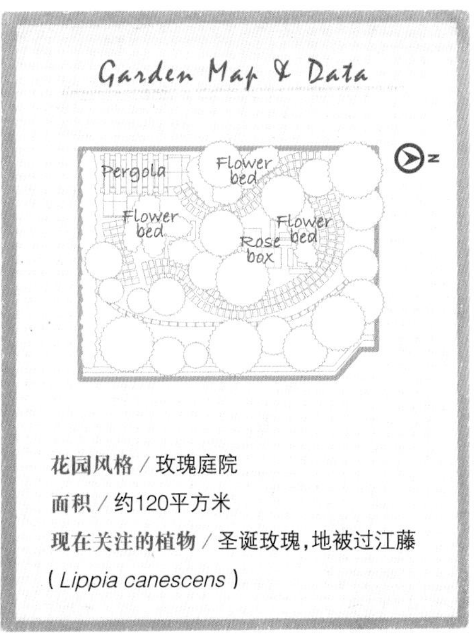

花园风格 / 玫瑰庭院

面积 / 约120平方米

现在关注的植物 / 圣诞玫瑰，地被过江藤（*Lippia canescens*）

【 惬意的散步 】

丰富多彩的庭院里
巧思妙想处处可见！

Rosebox

【 玫瑰框架 】

飘溢着甜美的芬芳
作为庭院的象征而存在

'亚伯拉罕达比''紫袍玉带''广播时间''尚伯尔男爵''安布里吉'等，框架上攀爬着芳香浓郁的中大型花玫瑰品种，浓淡不同的花色变幻有致。

Garden Path

【 园路 】

明亮的铺地石块
让光影更显眼

园路时而蜿蜒、时而曲折起伏，让行走的速度也变得不同。环绕园路铺设的白色石头，是工匠用珍珠岩和混凝土精心制作而成。

Pergola

【 凉亭 】

腾空而上的玫瑰成为屋顶
造就了休闲的空间

在凉亭下方，是可以小憩片刻的长椅，青砖支柱上爬满了藤本月季，选择不会妨碍观瞻的小型英国品种‘雪鹅’，数年后，它将完全覆盖整座凉亭。

Leaf

【 彩叶 】

柔美的玫瑰花丛
加上深色的叶片
风景瞬间凉爽起来

树木脚下添加上各种颜色和形状的彩叶，显得丰富多彩。玫瑰框架旁种有叶色明亮的的桂花树，下方搭配了古铜叶色的紫叶风箱果、锯齿分明的朝鲜蓟和大戟。

在树荫掩映的长椅旁，是清新舒爽的彩叶植物组合，优美的层次令人百看不厌。

Part 3

清新惬意的 东西方混搭风格庭院

从地被草丛中亭亭生长的树木构成一个开放的空间

茁壮成长的树干，为绿意丰沛的空间投下美丽的阴影。在乔木的脚下，玉簪等大型草类增添了风韵。

切身体会林木的美

在舒缓的小径前方展开的是枝叶扶疏的各种小乔木，再搭配各种户外家具，构成了一个大胆的艺术空间。在大约 1200 平方米的地基上不断展开的各种美妙画面，不遗余力地诱惑着每一个来访的客人。

10 年前，这里曾经是一片绿草坪，但是经过在纽约的两年生活，女主人彻底改变了对庭院的观念。在纽约有很多时尚的庭院设计，不仅让她时常有新的见识，也让她重新理解了东西方不同的美学意义。回国之后，她决定建造一座可以和自家附近的山野树林相融合的庭院。通过选择自然株形的树木、从山间移栽来原生的杜鹃，再搭配以友人亲手设计的家具和造型新颖的桌椅，终于打造出这个绽放着奇特魅力的空间。

东方与西方、自然与时尚，绝妙的协调感造就了主人独一无二的花园风格。

为了充分体会庭院之美而特意保留的地方

从事艺术的友人制作的桌椅，简洁又让人印象深刻。这里是欣赏庭院的好坐席，最适合慢慢品茗发呆。

从阳台上眺望的风景，青翠的绿叶间可以看见精致的石铺造型，蜿蜒其中的小径更让人心情舒爽。

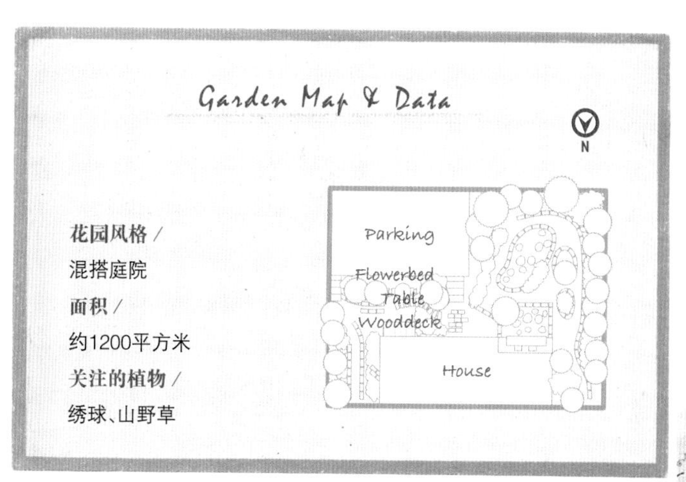

花园风格 /
混搭庭院
面积 /
约1200平方米
关注的植物 /
绣球、山野草

【惬意的散步】

丰富多彩的庭院里 巧思妙想处处可见!

Planting

【植栽】

丰沛的彩叶植物烘托出动人的花姿

树木、草类都有着不同的颜色、形状和特色，红枫树是从山间引种而来的，彩叶的羊角芹映衬着园路上的树皮……

树木脚下开满楚楚动人的草花。从左到右：紫花夏蜡梅、淫羊藿、孔雀蕨、八角莲。

Furniture

【 家具 】

精心挑选的家具
放置在最适宜的地方

青翠的绿叶中，放置了设计感很强的家具，让庭院更具魅力。下图是风格自然、品质优良的英国长椅，右图则是巴黎买来的形状独特的椅子。

Indoors

【 室内 】

窗框像画框一般
把风景剪切得妙趣横生

设计时特别留意了从房间窗户望出去的风景效果，树形美观的麻栎树蓬勃地舒展着枝条。

Garden Path

【 园路 】

为了提高神秘感
故意用树木和地被草类遮住前方

蜿蜒的道路被杂木的枝叶遮挡，提高了神秘感，拐角上的玉簪仿佛满溢出来般，增添了色彩的变化。

打造美妙小景的创意集锦

流光溢彩的森林系庭院令人印象深刻

在前面我们看过数处绿意丰沛的森林系庭院，它们通过有效地使用杂货家具和资材，把风景变得意境悠远。前面因为篇幅原因解说得相对简略，在此我们特别拣选出若干富有创意的画面来进一步了解主人们是怎么通过N+1的方法，创造出如画如诗的美景来。

具有厚重感的石头
彰显出不凡的品位

具有起伏感的小路，由具有厚重感的石头铺设而成。圆润的手工石头给人以欧洲乡间小径的感觉。

Idea 1

铺设园路

光影落下的小径，为树木繁多的庭院带来更多情趣和幽深感，细心配置路面的铺石和两边的植物，让小径绿意葱茏。

简略的设计
调和了自然的植栽

踏脚石之间用大颗粒的沙粒来填充，设计简洁的小径和生机勃勃的玫瑰、宿根草浑然一体。

植栽和树皮覆盖的对比
鲜明醒目

小径和植栽间用石块隔离开来，道路上铺上树皮覆盖。树皮的深褐色让树下青葱的蕨草和淫羊藿显得清新明丽。

Idea 2

装饰

在大片绿色中放置的花园杂货，引人入胜。精心选择适合背景的物件，随意点缀，构成了富于戏剧性的画面。

盛水的小鸟浴盆滋润了庭院

被杂木和蔷薇包围的木甲板。在近处的角落里，设置了带有小鸟造型的鸟浴盆。闪闪发光的水面上，白色玫瑰的倒影美妙动人。

韵味十足的水壶里栽培着可爱的一年生植物

在长满玫瑰和绿植的庭院一角，配置了有趣的家具。椅子上装饰着种有六倍利的水壶，增加了清爽的色泽。

白色空间整洁清爽

庭院的角落里，白色栅栏围成了小屋般的空间。用室内设计的手法设置了装饰棚架，把多肉植物的花盆聚集在一起。

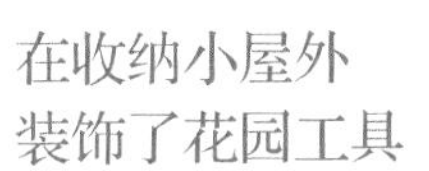

在树木包围的工具小屋前方，摆放了黄色的铁锹和木盒，这些代表性的园艺工具，给人想象的空间。

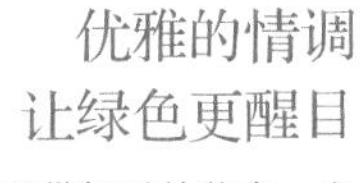

在木梯子上放置带把手的花盒，空罐头里种植了黄色的苦草菊花（*Hymenoxys* 'Yellow Fantasy'），亮色的花朵引人注目。

Idea 3
放置大件家具

大件家具不仅能够打造休憩的场所，还可以催生出生动的画面感。根据空间的大小和风格来选择适当的家具，营造和谐的氛围。

在纤柔细腻的植栽中间放置小型的长凳

色泽厚重的园路旁放上一张木制的长凳，简洁的设计恰好搭配周边渐次变化的绿意。

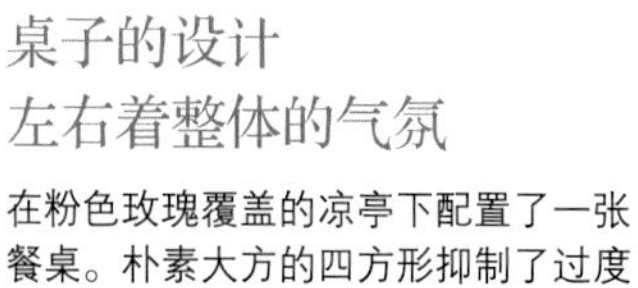

桌子的设计
左右着整体的气氛

在粉色玫瑰覆盖的凉亭下配置了一张餐桌。朴素大方的四方形抑制了过度的花哨，赋予景色安定的感觉。

与植物搭配，提升观赏性

长椅和凉亭搭配，成为可以休憩的椅亭。藤本月季攀缘其上，与两侧的树木造就出绿色秘境般的世界。

朴实无华的椅子
让画面更加生动有趣

这个斜坡可以俯瞰自家的房屋，放置了一把课堂用的小椅子后，显得童趣盎然。脚下种植的是柠檬香蜂草。

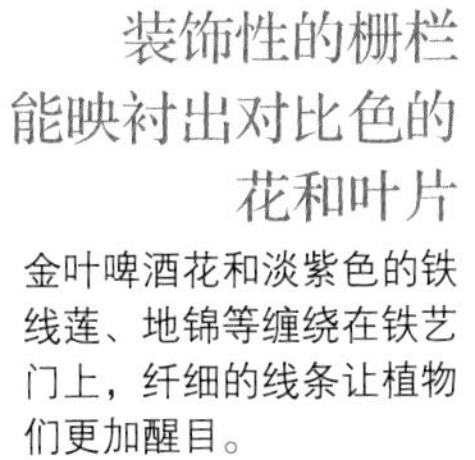

Idea 4
设置栅栏和门

栅栏和门在分割空间与遮挡视线时作用斐然。选用同植物协调的设计，能够发挥出最大的效果。

装饰性的栅栏能映衬出对比色的花和叶片

金叶啤酒花和淡紫色的铁线莲、地锦等缠绕在铁艺门上，纤细的线条让植物们更加醒目。

绿叶包围的入口处把房屋和庭院巧妙地连接在了一起

玄关门前的围栏和挑檐上随意地牵引了木香花藤，形成一幅郁郁葱葱的美景。

根据植物的分量设置适当的围栏

桦树下种植了繁茂的绿叶植物，中间的空白部分设置了木制的围栏，既遮挡了视线，又不会产生压迫感。

适合森林系庭院的
装饰品和花园杂货
Ornament & Goods Catalogue

与树木环绕的空间最为搭配的是色泽柔和、质感自然的装饰品和花园杂货。充分发挥素材的风格和简洁的美感，可以映衬出绿色的清新，在不破坏庭院自然感的前提下，营造出韵味十足的风情。

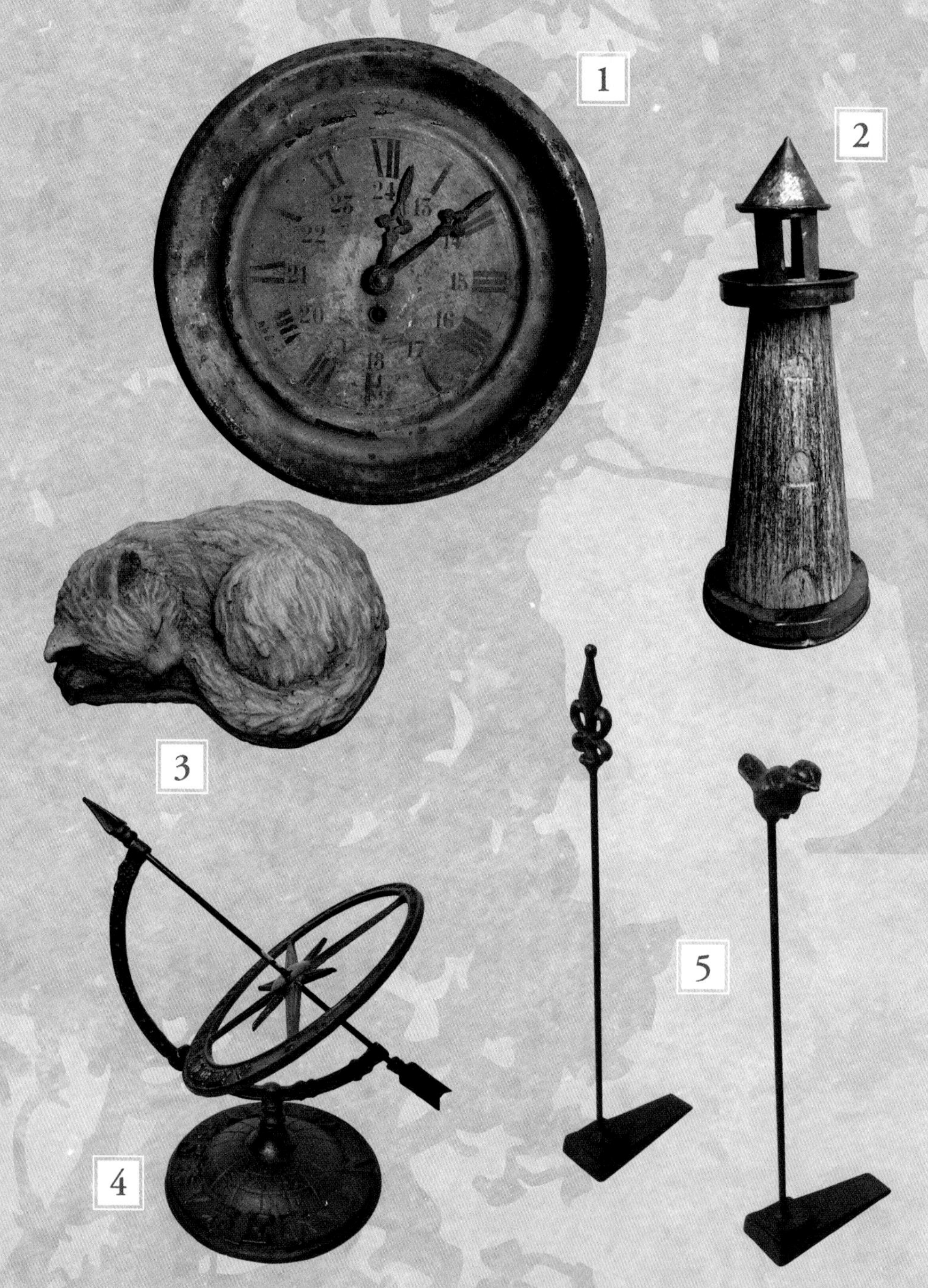

1　饱经沧桑的法国制时钟

扭曲的表盘和划伤的细痕，让人感觉到时光的流逝。悬挂在庭院一角，诞生出寓意深长的景致。

2　铁皮和木头做成的古董风格灯塔

欧洲田园风格的可爱小灯塔。隐藏在绿色的阴影下，仿佛森林中神秘的召唤。

3　蜷曲着身体沉睡的猫咪

可爱至极的造型忠实地再现了猫咪的姿态和毛发，是充满安全感的小物件。随手放置在草花丛中，让人倍觉温馨。

4　铸铁的厚重感打造出沉稳的日晷饰品

和真品几乎一样的园艺日晷底座上布满细致的纹饰。无论是陈设在角落，还是放置在石柱顶端，都非常醒目。

5　古董造型的铁艺门挡

故意做旧成锈迹斑斑的颜色，可以代替花支柱来使用。

6　富有年代感的黄铜质蓝色小鸟

手掌大小的可爱小鸟摆设，折断的羽翼和蓝绿的铜锈，有着古色古香的美感。随意摆放都能提高庭院的格调。

7 乡土风格的木制鸟笼
有着浓浓的怀旧气息

古旧色泽和圆润造型都充满亲和力，放入盆花或是缠上藤条，在各种场合都是扮靓的好道具。

8 古典的朝鲜蓟造型饰物
纤细的雕刻更显庄重

树脂质地的朝鲜蓟雕塑，以植物为造型的饰物和庭院搭配完美。

9 仿佛在海边捡到的
贝壳形陶土花盆

渐变色和龟裂加工，看起来真假难辨。适合插花，或是放入小的育苗袋以供观赏。

10 岁月沧桑的风味
古董格调的摆设

蔓草花纹充满个性，古董式样的小兔子雕塑。虽然是动物造型，但选择了这种典雅的款式，也显得高雅稳重。

11 圆滚滚的橡子形状
手掌大小的收纳盒

橡子的造型非常可爱，可以收藏杂物，也可以打开来放一盆迷你植物。

12 表情略显忧郁
吹奏着竖笛的小天使

表面长了青苔，仿佛已经放置多年的小天使雕塑，放在葱茏的绿叶中，更添童真的趣味性。

13 风格浪漫的
罗马式陶土柱头

非常大气的一款饰品，可以作为花台使用。

小庭院的季节问候

Greeting of the season

春天里，环顾自家的庭院和自然的风景，与植物面对面，所感受到的一切令人惊喜。这次的主题是“能量与波动”。

在被散落的樱花花瓣染成粉红色的地面上，奶油色的报春花抹上了一笔明亮的色彩。四周各种各样的小草花也在伸展着新叶，一片生机蓬勃的景象。

庭院是身边的能量源泉

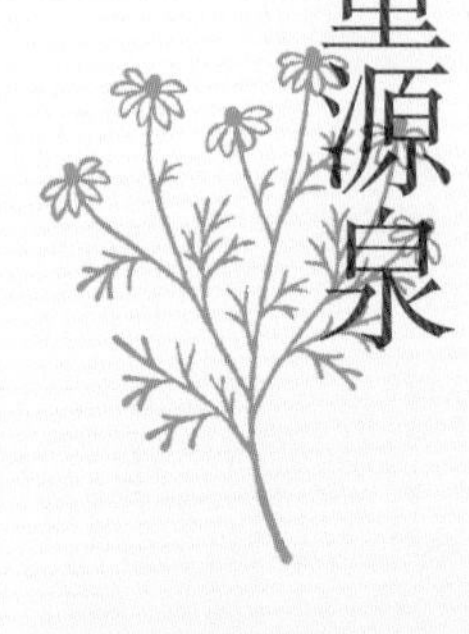

植物一齐发芽、开花的季节到来了。万物释放出在漫长冬日里储蓄的力量，这是一个充满能量的时节。

说到能量的话题，脑中浮现的是近年来备受关注的“能量聚集点”这个词语。能量聚集点的定义尚无定论，有人将它定义为“充满大地力量的场所”。能量聚集点通常被认为是树木众多、水流通畅的地点，或是地磁力强的地方。通过树木散发的能量及流水输出的负离子，还有大地磁场等，人们期待这些地点可以促进人体的活性化，实现身心两方面的治愈效果。

在这样的场所，大多会建立寺庙和宗教道场。这大概是因为过去的人类比现代人对于这些能量更为敏感，才特意选择了这些场所作为神圣的所在。

庭院也是一个能够直接感受到来自大地的能量的空间。植物们吸收了宇宙（太阳）和大地的能量，茁壮生长，然后开花结果，落下的种子又再发芽。枯萎的植物被虫子及微生物们分解，又再转化成植物的养分被吸收。庭院里每时每刻都在进行着这样源源不绝的活动，每时每刻都在生发着眼睛看不见的能量。

聚集了许许多多细小能量的庭院，可以说是最为贴近日常生活的能量聚集点。再加上我们的打理和依赖，庭院正诞生着惊人的力量。

在这样的庭院里，一边沐浴着晨曦，一边深呼吸，似乎一整天都会觉得心情愉快舒畅。

初春的花朵们。从右起：淫羊藿（*Epimedium brevicornu*）。看起来柔弱，其实十分健壮，每年都会分株。/ 深紫红色的刻叶紫堇（*Corydalis incisa*）。喜在树下等半阴环境生长。/ 健壮的球根植物葡萄风信子（*Muscari botryoides*）。已经种植数年，变得稍稍有些纤细的姿态。/ 为初春染上明亮色彩的连翘（*Forsythia suspensa*）。映衬着背景里的水池，显得光彩照人。

从左起：种满植物的水池边，生机勃勃地生长着斑点泽兰的园艺种‘暗紫’（*Eupatorium maculatum* ‘Atropurpureum’）。清澈的水流和强健的植物带来的正能量充满了整个空间。/ 非常实用的工具小屋，是能让庭院变得干净整洁必不可少的道具。/ 不论多么小的水池，都道要打理得干净清洁。/ 不要过度密封庭院，要保持通风良好，植物才会茁壮成长。植物不健康的话，能量的波动也会降低。

美好的气息和波动 营造让人心情愉悦的庭院

从科学的角度来看，一切事物都有“波”。所谓“波”，我们人类自身也有，如果人和人的波动高低和频率十分相近的话，就会合得来，这就是常说的彼此产生共鸣的状态。当然，活跃而较为稳定的波动是好的，生病时波动就会降低，气息慌乱时，波动也会错乱。植物自然也有波动，甚至比起人类的还要活跃得多。所以人们常常会希望通过吸收了植物的良性波动，让我们自身的波动活性得以提升，并以此维持身心的健康。

前一段时间，雪的结晶方式备受讨论。受到好言称赞的水结出了美丽的结晶，而被污言秽语攻击的水却在结晶时发生了形状崩塌，我认为这也是波动所致。过去常常听说人对着完全不开花的植物说：“再不开花就拔掉你！”这株植物就会在当年开花，这大概是因为威胁性言语的恶劣波动，让植物感觉到了危机吧？

言语所持有的波动，会打乱水的波动——而我们的身体和植物一样，基本都是由水构成的，只要想到这点，就应该能明白稳定而活跃的波动环境对我们是多么重要。我们对着植物诉说美好的话语，彼此都能保有良好的波动。但若是把庭院里的东西放得乱七八糟，对枯萎的植物和垃圾置之不理的话，就等于对植物说着厌恶的言语。让庭院保持通风良好、干净整洁，才能使它被良好的气场围绕，维持活跃而稳定的波动。

庭院是属于我们自己的宝贵的能量聚集点，怎么能不让它成为一个令人心情愉悦的空间呢？

把从庭院里摘下来的蔬菜放到饭桌上。刚采摘下的蔬菜还充满了能量，新鲜程度一旦下降的话，能量也会降低，因此尽早吃掉更好！

漂浮着水鬼蕉花朵（*Hymenocallis*）的浴缸。推荐使用带有药效成分的香草，以及能够促进女性荷尔蒙分泌的蔷薇属植物。

用庭院里绽放的花朵提升心情

英国医生巴哈博士开发了一种“花精疗法”，是将花的能量（波动）转移到水中，再利用水所持有的波动来调整人在情绪上的不协调。而自古以来，各地的土著人都会用饮用清晨盛开的花朵上的朝露等方法，来改善自身的身体状况。让庭院里绽放的花朵漂浮在洗澡水上，沐浴时间或许就能吸收这一能量……即使撇开能量的话题，单纯是这种优雅的氛围也令人身心舒畅。

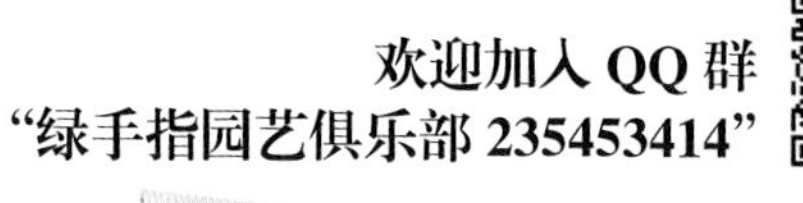
欢迎加入 QQ 群
“绿手指园艺俱乐部 235453414”

花园大招募！

介绍自家引以为傲的花园

玫瑰花园

人见人爱的玫瑰花园，秀一秀我大爱的玫瑰吧！

都市花园

谁说城市里不能有美丽的花园？有限空间里的小花园、阳台、花盆组合，包括室内花园也可以哦！

想要在《花园 MOOK》上登刊你家的花园吗？不管是空间构思巧妙的，还是充满个性的、种满各种植物的花园都可以参加招募。只要是和花园有关的话题或小插曲，自荐或推荐他人的花园都可以。收到文章之后，编辑部会与您联系！

厨房花园

种满了草本植物、蔬菜和果树的花园。看到的不仅仅是美丽的植栽，这是有着食用价值的花园。请告诉大家蔬果收获后的活用方法吧！

手工打造的 DIY 花园

园丁中永远不乏心灵手巧的技术派，从花架到凉亭，还有什么不能实现？

自然派花园

各种草花、野花、树木，有幸亲近自然的大地主们来显摆吧！

投稿方法

请注明姓名、地址和电话号码，将花园整体的截图照片邮寄。以写邮件的方式也可（发送的时候请对照相片进行简单的说明并注明名字）。届时编辑部会妥善保管，在结合主题和随时取材时与您联系。

邮件投稿：perfectgarden@sina.cn
green_finger@163.com
QQ 投稿：939386484 药草

※ 请注意：发送的照片和资料将不退还。想要加入绿手指俱乐部，请参见 P128。

不失败的 ZAKKA！

专业的设计师手把手教你

花园杂货的造型秘诀

虽然是很中意的杂货，但实际摆放起来却不如预期的好看——你有过这种经历吗？花园杂货的造型和设计方法，听起来颇有难度，别担心，本文中将由专业的设计师来教授你终极的 ZAKKA 艺术。

花园 ZAKKA 也同样可以活用造型设计！

人气园艺店的展示创意不容错过

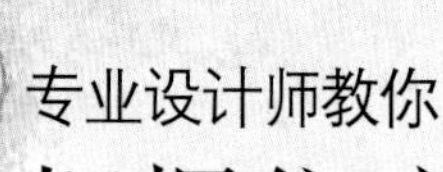

专业设计师教你

把握住这些要点就 OK！花园 ZAKKA 造型的终极秘诀

不管是室内设计还是庭院的装饰，都有同样的要点，让我们参照专业设计师常用的流程，来学习造型的基本概念和诀窍吧。

打造鲜明锐利的形象 决定因素是花园设计的流程！

STEP 1 把握空间

要对自己所能利用的空间有清晰的认识。即使是十分心仪的装饰物品，也决不能随手乱用，必须在尺寸、数量等方面都符合空间的设计。照片分别为装饰过度的失败案例（左图）和保持了最佳平衡的成功案例（右图）。适当留白的重要性显而易见。

STEP 2 设定主题

在进行造型设计的时候，一定要设定与环境相适应的主题，无论是颜色还是风格皆可作为主题的选项。由于主题对于选择花园杂货而言是至关重要的流程，因此能否妥善地处理好这一步，将在很大程度上决定作品的完成度。

A／这个白色空间以“自然浪漫”为主题，将女性风格的柔美小花与杂物进行搭配。 B／这个空间以“复古风”为主题，选择了韵味十足的杂物和朴素的物件。

STEP 3 确定作为主角的装饰物

展开既定主题时，首先确定好造型的主要装饰物，设计过程会更为简单。花园杂货、植物——即使是小小的物品，也能通过巧妙的陈设摇身变成主角。当然，根据主角装饰物的不同，陈设方法也有很大的区别。

A／以小型多肉植物为主角，把同款容器并排排列，表现出如标本般整齐一致的美感。
B／作为主角的两只喷壶朝向一个方向并排放置，颇有一种韵律感，同时赋予整体画面以强烈的冲击。

选择花园杂货 STEP 4

配合主题和主角装饰物，我们来看看怎么挑选装饰用的花园杂货。一边想象想要表现的氛围，一边挑选适合整体氛围且能与周围景致取得良好平衡的花园杂货，可以多挑一些。

以朝鲜蓟雕塑为主角装饰物进行设计的范例。A／选择钢铁材质的物品给人以沉稳之感。 B／要打造怀旧风格则选用古旧的杂物，再搭配彩色的素胚花盆。

STEP 5 着手搭配

接下来将事先准备好的杂物排列起来。依据主角装饰物呈现方式的不同，搭配的方法也多种多样。大家可以参考下面列举的基本陈列模式，让不同的空间设计得更加出彩。

横 按横向轴线进行搭配时的法则。

对称摆放

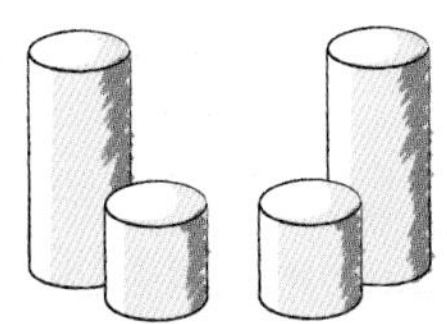

将两侧的物体对称摆放。由于能够凸显出居于中间位置的对象，并给人一种井井有条的印象，在门廊和门前常常能够看到这种摆放方式，具有传统的美感。照片中将大花盆置于两侧，让中间的装饰物更加显眼。

成套摆放

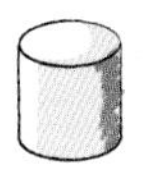
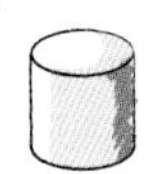

杂货的颜色和花样都相同为宜，最好完全一样。

纵 按纵向轴线进行搭配时的法则。

构成黄金三角

在组合3件花园杂货时，将其摆放成立体三角形的模式。在实例中，桌上摆放着的花盆与摆放在两侧座椅上的花盆形成了三角形的架构，让整个空间有了一种唯美的平衡。

小物件在上 大物件在下

小
↕
大

这是将大的、重的对象放置在下方，同时将较小的物件摆放得较高的模式。画面中形成一种视觉上的安稳感，不但能保证安全性，也非常实用。

纵深 利用空间进行搭配的法则。

Z字形摆放

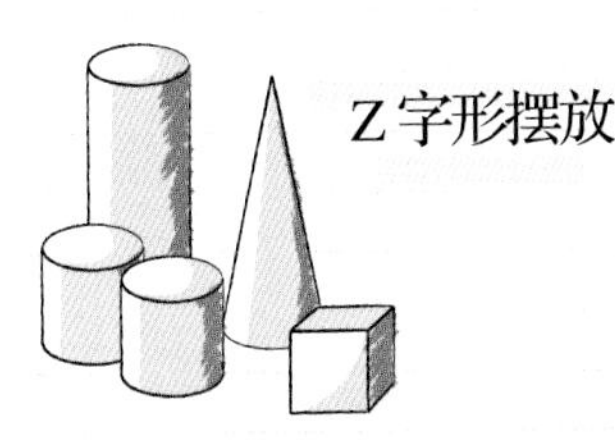

为了不使花园杂货重迭，而采用由近到远，呈Z字形进行摆放。这是一种让人感受到空间纵深感的搭配方式。在实例中，从眼前的小对象摆放慢慢引出大物件，让立体感更加鲜明。

连续摆放

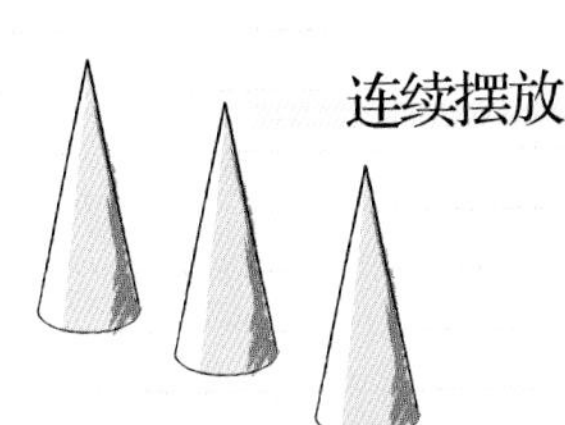

按照一定规律连续摆放，让视觉上不统一的空间也有了连续性，可以产生宽广的感觉。在实例中连续排放的枕木条，让人产生延续到画面之外的联想。

人气园艺店的实例

按流程进行装饰设计

现场解说！

如同植物园一般 绿色的陈列

按照此前介绍的造型秘诀，对两家园艺店的庭院进行了装饰设计。在这里我们来看看在陈设摆放的过程中所采用的造型基本法则。

主题

以“典雅的自然风格”为目标 与沉稳的“机能美”相结合 营造出素朴而不失时尚的空间

以英式或法式的古董杂货为道具进行搭配。在组合盆栽工作室中描绘出一种意味深远的自然氛围，并以绿色为基调让整个空间显得清丽简练。特别值得推荐给无法安放过多杂物的小型花园以及拥有后院的家庭。将一般不能示人的后院装扮成这种风格，无疑会让整个庭院的格调都得到提高。

物品信息：

1. 古董洗手台
2. 古董碗碟架
3. 儿童花园椅
4. 花园工具
5. 铁锹
6. 古董木梯子
7. 带挂钩的套盆
8. 蜡烛台
9. 古董喷雾器
10. 玻璃镶嵌画
11. 烛台
12. 玩具小铁锹

Case1

园艺店“绿色廊台”

green gallery GARDENS

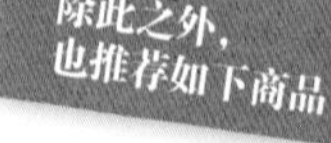

除此之外，也推荐如下商品

盆栽支架

既可以用于装饰混栽植物，也可以用于放置蜡烛，用途非常广泛。可以固定在墙壁等地方，因此十分便利。

古董铁罐

带有盖子的立方体铁罐可用于储存不同种类的肥料。尺寸也极为丰富。统一为同一个色。

Nohara's Voice

设计师的解说

三角形布局拥有无与伦比的稳定感!

以作为主角装饰物的工作台为顶点，采用黄金三角模式，营造出稳定感十足的空间。并且在古董风格中完美地融合时尚的色调和风味，把空间装点得干净利落。

技巧一
technique 1

把韵味十足的园艺工具作为背景，对称摆放

年代久远的园艺工具，是让庭院设计富有乡土气息和温暖感觉的理想选择。工具竖放在梯子的旁边，强调出纵向的线条，让背景更显紧凑。

技巧二
technique 2

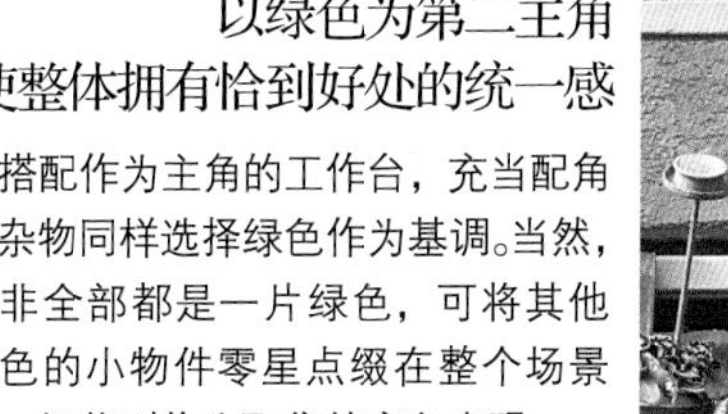

**以绿色为第二主角
使整体拥有恰到好处的统一感**

为搭配作为主角的工作台，充当配角的杂物同样选择绿色作为基调。当然，并非全部都是一片绿色，可将其他颜色的小物件零星点缀在整个场景中。红花则作为聚焦的亮色出现。

技巧三
technique 3

**配上给人以
自然印象的蜡烛**

让庭院的氛围更上一层楼的蜡烛。选择提灯或是托盘等有趣的小物件来装蜡烛，即使是不照明的时候也可以让布局更具画面感。

技巧四
technique 4

**以3个小型素胚
花盆作为装饰**

贯彻“三件原则”而放置的素胚花盆。充分发挥这类小对象的效果，以产生视觉上的安定感。

小建议

**加入不同色系的对象
让整体效果有张有弛**

已经收拾得非常整洁漂亮的空间，还想锦上添花的话，可以加上深红色的铁桶或遮阳伞等物品及其他同绿色是互补色的杂货，这样一来画面感进一步增强，美观指数也会大大提高。

Case2

园艺店“植物赋格曲” Botanical FUGA

大胆地选取有分量的植物和色彩缤纷的物品，赋予整个设计以勃勃的生机。这个设计的要点在于，不依赖于花园杂物，而是凭借植物本身的质地构成装饰的骨架。植物主要选自原产于非洲或澳大利亚，质地干燥的品种。非洲风格的杂物让设计更具异域风情。值得注意的是悬挂式陈设，制造出色彩斑驳的气氛，仿佛空间里充满了异国调味料的馨香。

主题

色彩鲜亮的物件引人注目
让软垫质感的草花更显动人
充满了异域风情

物品信息：

1. 废旧架子
2. 木套盆
3. 悬吊绳子
4. 古董浇水壶
5. 进口种子
6. 土盆
7. 环保花盆
8. 新娘花（*Serruria florida*）
9. 红花木百合（*Leucadedron salignum*）
10. 大戟
11. 爱沙木（*Eremophila*）
12. 加州丁香

除此之外，也推荐如下商品

铁制的悬挂吊篮

以复古风格制成的铁质吊篮。细致的纹路和轻巧的设计是最大特色。也可单纯作为装饰品使用。

自然素材的悬挂吊篮

由彩染的麻绳编织而成的套盆极富自然气息，可以完美搭配各种植物，在任何场景下都可以扮演重要角色。

Nohara's Voice

设计师的解说

对称的搭配是明智之举

在保留“以对称的方式进行搭配”模式的基础上，用对比鲜明的颜色来进行搭配，大胆打破常规。这可以说是相对高级的技巧。在很容易就显得松散的搭配中，以色彩和素材来保证相邻物体之间的统一感，是一件完成得非常出色的作品。

技巧一 technique 1

将杂物或植物像在市场售卖一样悬挂可以制造出浓浓的民族风情

想要将每一寸有限的空间都加以利用的时候，悬挂便是一个绝佳的方法。为了不被植物本身占尽风光，可以大胆悬挂一个大口喷壶。注意品味和平衡，就不会让人感觉冗乱。

技巧二 technique 2

以显眼的黄花为中心按Z字形进行摆设

在粉红色和紫色的淡色调花系中，放置于中间位置的独盆黄花显得格外惹眼，足以吸引人们的视线，花朵虽然不大，却拥有强大的气场。

技巧三 technique 3

连续放置同样的花盆展示出盆栽群的生趣

为了体现出盆栽的数量之美，可以放置2个种有同样植物的同款花盆。由于作为主角装饰物的花台很大，因此把小巧的物品归纳摆放，取得更好的平衡感。

技巧四 technique 4

鲜艳的花盆或套盆放在合适的地方

彩色铁皮小桶和套盆，把不同颜色的同款重叠起来，令人印象深刻，是巧妙运用鲜艳颜色的好方法。

让纤弱的小草花显得更加惹眼

搭配有着锐利线条的植物或是铁制支柱这类能勾勒出线条感的物件，可以让松软的草花增加存在感。加入像美人蕉一样有着宽大叶片的铜叶植物，能让场景进一步紧凑起来。

用植物的力量来隔绝热量，减少热岛效应的发生

人人都能做到的壁面花园！

作为地球的一员，这是一个任何人都必须具有环保意识的时代。抱着把自然导入到庭院中这个想法，我们可以拥有更加舒适的花园生活。选择有益于环境的种植方法和资材、或是有意识地节水节电的园艺用品，园艺环保可以从各个方面开始。

近些年，世界各地不断发生全球变暖而引起的异常现象，其中一个重要原因就是由家庭生活排放出的二氧化碳。“爱护地球，从我做起”，已经成为每一个人不可推卸的责任，那么，热爱园艺和植物的我们能为保护地球环境做出哪些贡献呢？

植物的光合作用能够将大气中的二氧化碳吸收并转化成氧气释放，令地球的大气变得清洁，对防止温度升高起到重要的作用。增加绿色植物不仅能减少二氧化碳，而且茂密的枝叶能够遮挡阳光的直射，抑制地表和建筑物的温度上升。在节约能源的同时，也可防止全球气候变暖。

拥有隔热能力的植物是今后生活中的必需品。在下文里，将为大家介绍在不同的种植空间里，随时进行环保的各种心得和创意。从这个春天起，让我们一起来开始有益于环境的生活吧！

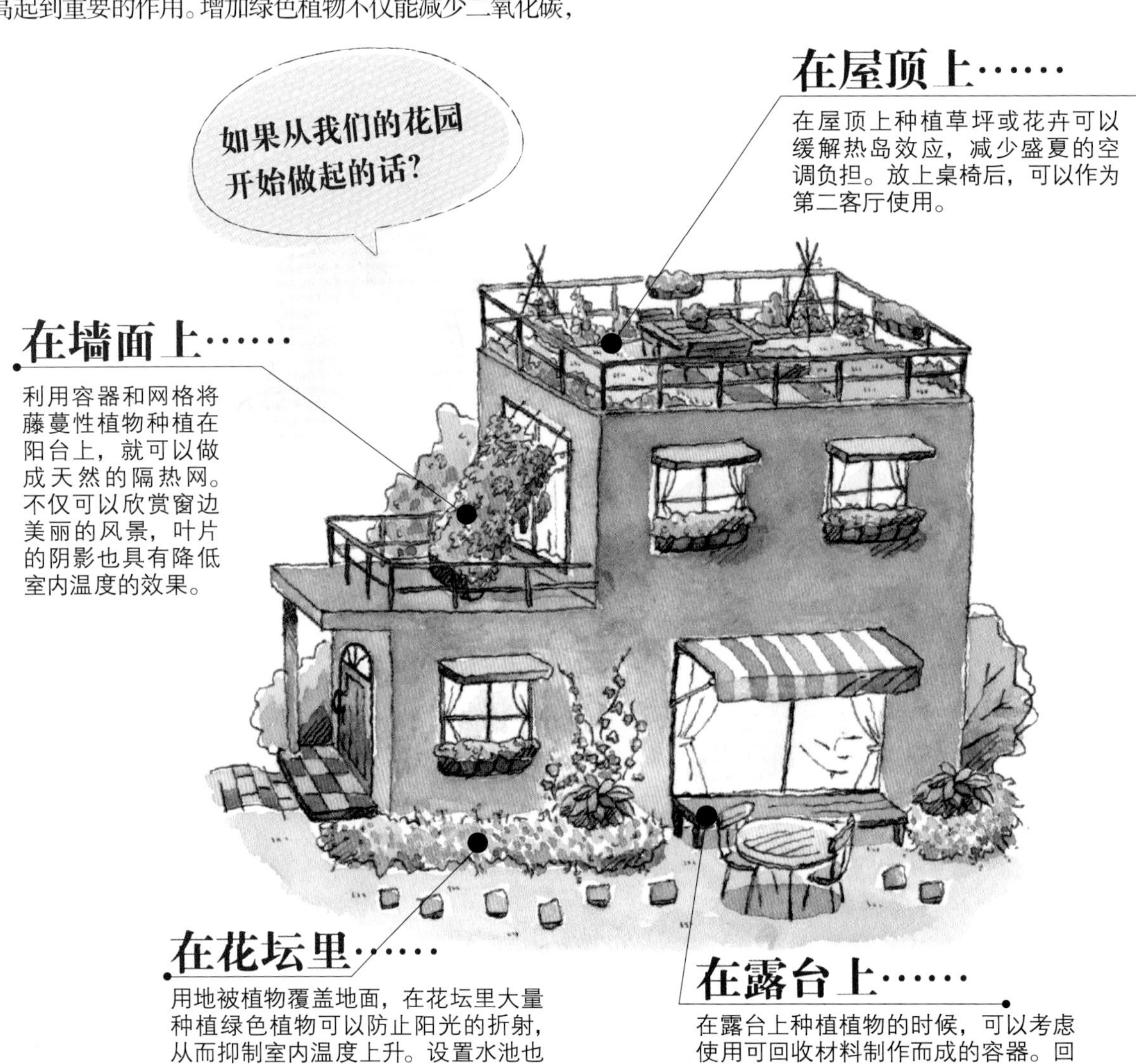

在屋顶上……

在屋顶上种植草坪或花卉可以缓解热岛效应，减少盛夏的空调负担。放上桌椅后，可以作为第二客厅使用。

在墙面上……

利用容器和网格将藤蔓性植物种植在阳台上，就可以做成天然的隔热网。不仅可以欣赏窗边美丽的风景，叶片的阴影也具有降低室内温度的效果。

在花坛里……

用地被植物覆盖地面，在花坛里大量种植绿色植物可以防止阳光的折射，从而抑制室内温度上升。设置水池也同样有抑制温度的效果。

在露台上……

在露台上种植植物的时候，可以考虑使用可回收材料制作而成的容器。回收家庭中产生的生活垃圾、储蓄雨水来浇花，这些手段都非常环保。

[在墙面上能够做的事情]

用植物覆盖墙面来阻挡阳光的照射！

家庭和学校是容易践行“防止全球气候变暖”主题的地方。种植上绿色植物窗帘、在窗边铺张开网格，种植上苦瓜、丝瓜或牵牛花等蔓生植物。这些绿色的植物窗帘不仅能够阻挡阳光的直射，而且叶片从土壤中吸收水分后通过蒸腾作用使得周围的温度下降，制造出凉爽的空气，可以减少空调的使用，削减二氧化碳的排放，是针对城市热岛效应和节能的有效措施，进而起到防止地球变暖的作用。

这种绿色植物窗帘，可以在狭长的阳台或露台上简单种植。在大型的条盆里放入培养土和肥料后，放入种子或植入小苗，待藤蔓枝条长出后再牵引到网上。网格以10cm × 10cm大小和较粗的绳子编成的为好，这样有利于藤蔓的攀爬，也有利于通风。宜选择开花结果的品种，不仅外观美丽，还能享受到收获蔬菜的乐趣。

当白天温度升高的时候，植物会从叶片的气孔中蒸发出水分，这叫做蒸腾作用。植物在将水变化为水蒸气的过程中，不断带走热量，每蒸腾 1g 的水能吸收带走 539cal 的热量。

有绿色植物窗帘的场所

没有绿色植物窗帘的场所

由热敏照相机拍摄的图像。温度高的地方显示为红色，低的地方则显示为绿色。可以很清楚地看到有绿色植物窗帘的地方能够感受到树荫带来的凉爽。

用植物制作成能够阻挡阳光的 绿色窗帘

能够长时间观赏小花的蔓金鱼草

(Asarina scandens)

藤蔓性的多年生草花。4~5月播种后，约 2 个月能长成长达1m以上的藤蔓，7~10月会开出大如同铃量铛般的小花。生长旺盛，适合种植于栅栏或是悬挂栽培。

抗病虫害能力强且容易栽培的高营养四角豌豆

这个品种的名字是从豆荚的截面呈正方形得来的。长 10~12cm 的嫩豆荚，可以用来热炒或油炸。秋季地面部分的茎叶枯萎后，会在植株的根部长出可以食用的块状根茎。四角豆淡蓝色的花朵也十分美丽。

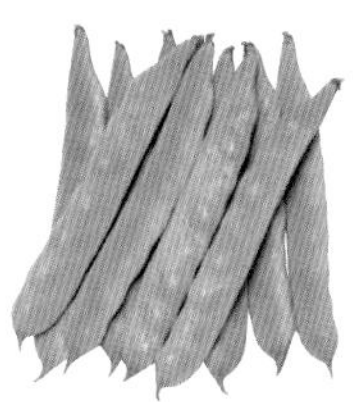

能够遮挡阳光并收获果实的人气蔬菜荷兰豆

这是播种后约 58 天就能收获的早生品种。植株生长后非常高大，有着能够覆盖立柱的茂密叶片。荷兰豆长15~17cm，无筋并且柔软。收获期40~50 天。

〔在花坛和露台里能做到的事情〕

植物的力量+α 能够提升抑制温度的效果！

植物吸收了太阳的光热后，会蒸发体内存储的水分从而带走周围的热量，达到抑制温度上升的效果。增加花园里的绿色植物，不仅可以抑制家中温度的上升，达到一定的种植规模后，还可以减轻热岛效应和抑制温暖化。

绿化花园的方法多种多样，比如在花园里铺上草皮或香草垛，设置栅栏种植藤蔓植物……同样，我们也可以重新考虑平时使用的园艺资材。

选择可回收材料做成的容器，将生活中的垃圾制作成堆肥，或是收集雨水以活用等…最近，市场上开始出现各种各样环保商品。让我们一起通过园艺，做一些对地球有益处的事情吧！

增加绿色植物来阻挡热量 利用地被植物和藤蔓植物来进行绿化

花园里生长出的花田卷式花地毯

地毯般将地面全部覆盖的过江藤（*Phyla nodiflora*）花垛。白色小花从春季一直开放到秋季。耐旱性强且易于生长。细小的叶片伸展后遮住整个地面。

令花园充满芬芳的绿化用香草垛

匍匐百里香和牛至的小苗密集种植而成的香草垛。这样杂草不会过分生长，种植后的管理也很简单。针对不同的空间可以划分应用，通过分株自由地种植栽培。

$1m^2$ 的香草垛 匍匐百里香 / 牛至 各 宽 30cm× 长 180cm

用种植盘做成绿色顶棚来绿化车库削减二氧化碳浓度

具有多种功能的车库“创意外套”，是利用种植盘绿化家庭的人气做法。把车库顶部和两侧绿化后，改变了原先冷冰冰的样子，可以从二楼眺望观赏。

能够绿化混凝土和砖墙的嵌板

只需要在墙面装上嵌板就可以进行简单的绿化。把面板和支柱搭配，可以造成屏幕般的效果。有乳白色和亮灰色。

绿化栅栏

宽 98.1cm× 高 91.1cm× 深 6cm

利用水的蒸发带走热量 设置小水盆

享受栽培睡莲的乐趣迷你生态群落

蓝紫色的睡莲和水生四叶草、浮草在水莲盆里组成了一个迷你生态群落。热带性的睡莲植株健壮，可以从晚春持续开花到初秋。

睡莲盆（塑料制，宽 36cm× 高 20cm）、睡莲（蓝紫色 1 棵）、水生四叶草、紫萍。

固体营养素观赏水池的 Point 要点

在花园里建造水池，可以在其中养小鱼吗？体长 3~4cm 的青鳉鱼，是最小的淡水鱼。虽然给人的印象柔弱，但却是比较容易饲养的鱼种，推荐给非专业饲养观赏鱼的人群。在水盆里饲养小鱼，为花园带来动态美和治愈效果，再种植上水生植物，会显得更有气氛，成为一个既能观赏又充满乐趣的小水景。

在花坛和露台种植 令周围环境变得舒适的植物

在净化环境中大显身手的耐晒型凤仙花

具有强大的二氧化氮、甲醛和二氧化碳等吸收能力的环境净化植物。生长旺盛且耐酷暑，在半阴环境下也能正常生长。开花期从初夏持续到深秋，有 12 个品种。

生活垃圾和厨余的

再回收利用

用咖啡豆和咖啡渣制作成的环保花盆

用不符合食品规格的咖啡豆和压榨后的咖啡渣制作成的花盆。会有一股咖啡香从花盆里散发出来，是回收粉碎后还可以再生的优秀环保商品。

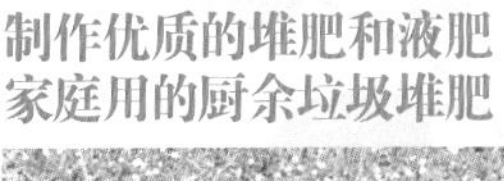

蚯蚓通过吞食厨余垃圾可以生产出富含氮、磷酸、钾肥的堆肥和液肥。由于设置了通风口，所以没有异味，且非常容易取出堆肥。

制作厨余垃圾堆肥的 Point 要点

厨余垃圾堆肥指的是通过微生物分解垃圾后产生的堆肥。蚯蚓可以促进垃圾的分解，变成更容易让植物的根吸收的形态。容易分解的成分也易生成，剩下的部分继续留在土壤中分解，这样就形成了同时拥有优质土壤和养分的颗粒状堆肥。注意不要一次投入大量的垃圾和已经腐败的垃圾。

不可以制作成堆肥的垃圾：

贝壳类、骨头、液体、刺激物、调味料

在花园的一角设置水罐 有效利用雨水来灌溉

收集雨水的水罐可以提供约 30 杯份（约 150L）的水壶浇水。水罐可以设置成纵向连接，用来储水和洒水，节约用水的效果非常令人期待。

利用阳光，使用太阳能

充电为节省能源做贡献

金色灯笼太阳能灯

如同蜡烛火焰般的灯光 环保发电的太阳能灯

白天太阳能板将阳光转化为电能存储在内置的电池里。等到天暗的时候会自动点亮 LED 灯。

既能维持室内明亮
又能遮挡烈日

设置遮阳帘

能够遮挡阳光和视线 拥有良好通风的遮阳帘

可以遮挡直射阳光中的紫外线和红外线的纵向遮阳帘。采用容易通风的材料，在夏天能减少空调的使用量，起到节省能源的作用。

〔在屋顶能做的事情〕

绿化屋顶 让顶楼的房间凉爽舒适

屋顶绿化最大的好处就是利用土壤的隔热和植物蒸腾作用等相互作用，令顶楼的屋子变得凉爽，减少空调的使用。即使不在地面也能建造花园，这种新风格的屋顶花园正日益受到关注。

屋顶花园的隔热效果如何呢？

夏季未绿化的地面温度能达到 60℃以上，而绿化过的部分数据显示温度稳定在 30℃左右，隔热效果明显。不过，建造屋顶花园需要注意以下几点：避免植物的根系破坏建筑物，保持土壤的通风性，以及使用轻质的土壤。如果没有把握，也可以委托专业人员进行施工。

小黑老师的园艺课

Gardening Lesson

多姿多彩的墙面DECO创意

这一回我为大家介绍的是，利用杂物和小型植物装饰墙面的“墙面DECO（装饰）”的设计创意和丰满豪华的大型组合盆栽。

观赏花坛里的花草固然是一年中的赏心乐事，但在一般植物难以攀缘到的墙面，不妨打破常规，来挑战一下不同观感的场景DECO设计。

设计对象可以选择建筑物的外墙、场地围栏或是花园小屋的墙壁，任何部位的墙面都可以利用。我自己就会经常利用在店里新建的小屋墙壁来进行墙面DECO的设计，简单地DIY制作一只木架装置在墙壁上，再逐步摆放上喜欢的杂物或小型盆栽……一旦开始动起手，各种欢乐的点子就会逐渐涌现出来，当搭设的陈设场所完成后，会有更多的奇思妙想浮现出来。

墙面DECO成功的诀窍是在装饰前要设定一个主题，这样就能做出具有独创性和统一感的场景，赶快动手，一起尝试下墙面DECO的乐趣吧。

Hut

用朴素的杂物和蔬菜装饰
手工制作的小屋和木架
充满怀旧的乡村风味

今年春天，对新造的小屋墙面进行了设计。我先将木架区分成若干小格后，用来展示中意的小杂物，再放置上一张桌子作为作业台，转眼间，一个“小小工作室”就完成了！最后，用古旧的厨房用品和蔬菜来装饰，营造出满满的乡村气息。

手工制作的木架、巢箱和瓦盆，都是自己涂刷成做旧效果。如同玫瑰般华丽的蔬菜是和苦菊同种的红叶苦白菜。

工作台上的大花盆内种植的是迷迭香。前面的花盆里则种植了红脉酸模。此外，还摆放上当天收获的蔬菜。

切花是紫色的铁线莲‘卡西斯’。经过岁月洗刷的红陶花盆里种植了香雪球。古旧的方形水罐里插上了地中海荚蒾（*Viburnum tinus*）。

为了搭配色泽甜美可爱的植物，杂货也选择了同样类型的风格。黄色和蓝色的杂货与粉色花朵搭配产生出撞色效果。完成甜美风格装饰的诀窍就是，千万不要让植物和杂物遮住了钢筋的形状。

在坚硬的钢筋花架上
用浪漫的小花
装饰出甜美感

以前我一直在想，建造花园的时候怎么活用一下价廉物美，建筑用的轻质钢筋呢？这次，我在柔和的白色墙壁前把钢筋组合起来，做成一个简易的装饰格，然后在木板上打孔，用挂钩将它悬挂在钢筋格子上，就成为一个悬挂式壁面花架。制作过程非常简单！

最后，用充满浪漫感的花朵稍事装点……彻底改变了钢筋的粗犷观感！

右上方悬挂的是‘乙姬’和景天等多肉植物。右下方是羽扇豆、白晶菊、波罗尼亚‘茹迪亚’等切花。左边花盆里种植的是四季草莓、铁线莲‘银币’和蕗荔‘雪花’。

红花四季草莓。将花盆用铁丝卷曲后悬吊起来。

Table

用废弃的材料制作成框架
竖立地放置在桌子上
悬挂上迷你植物

在墙面上布置木架或栅栏都需要花费工夫，好麻烦……下面我就推荐大家一个只需要把木制的框架竖立起来就 OK 的墙面 DECO 设计。框架的材料使用的是废弃的木材，如果有些刮伤会显得更有韵味。将植物放到小花盆或是小瓶中，使用生锈的铁丝悬挂在框架间，轻盈的动感就会油然而生。

花园募集

泸园探访：虹彩妹妹的脸谱花园

我住在四川省泸州市，我的花园被我称为“泸园”。

花园里的香花和果树，我选择了四川常见的白兰花、桂花、梨树和桂圆树，不需要太多管理就可以健康生长。半阴处的开花灌木，冬天是茶梅，春天是杜鹃；大树和葡萄架下则搭配了喜阴植物鸢尾、金边吊兰、龟背竹、玉簪、马蹄莲。最后，阳光充足的上佳地点，我种上了心爱的喜阳植物——草花、月季、三角梅、金银花。

泸园中我最得意的是蔷薇花墙的打造。从淘宝上淘来防腐的拉伸网格，挂在阳台和花园之间，做成简易的视觉隔离。把3棵蔷薇枝条绑在网格上使其攀爬，在植株根部挖一个圆圈，埋下油粕肥料，平时再浇些淘米水，呵护备至。

花园装修时剩余一些河石，圆圆扁扁的，我寻思着做点什么，于是，一个“脸谱”小品的灵感逐渐成型。我先把河石清洗干净，晾干，再用铅笔勾出线条。儿子的水彩借来用一用，调色、上色。画好后，考虑到户外日晒，颜料可能会掉，喷上一层透明漆，这样的脸谱就不怕日晒雨淋了。

有一次经过小区的垃圾堆，发现了一根被丢弃的枯木，遂叫上儿子，两人扛回家。把枯木洗净、晾干，喷上透明漆，再给它配上几块河石画的脸谱，泸园最出彩的园艺小品大功告成！

后来，脸谱越做越多，它便成为了我花园的主题。

自从有了泸园，我的生活方式也悄悄发生着变化，变得更加健康、更加节省。K歌太闹，不去；化妆品太不安全，不用；衣服太贵，不买。节约下一件衣服，好几百块，可以用来买多少花苗哦！与其让自己美，不如让泸园美。

离家不远的地方在搞拆迁，没事就去逛逛，东瞧瞧西望望。一天，终于发现了几个石头宝贝，水磨、石凳、杵窝……60大洋请了两个工人搬回家。几个宝贝一放，园子立刻显得气度不凡，我真是太有“才”了！

能走路就不打的士，运动方式也变成不花钱的徒步，徒步途中的那些鸟巢、蜂窝、松果、枯枝一样也不会逃过我的“火眼金睛”。折几枝枯枝回家，配上土陶罐，放在墙角，一份天然的意趣顿生。

就这样，各种元素不断增加：中式的木窗、蔷薇篱笆、水磨、土陶罐、枯木、木质网格、河石脸谱……泸园的中式小田园风格日益成型；喝茶、画画、做手工、和花友们谈天说地……泸园里的生活也日益丰富。

小小的泸园，让我沉迷其中，也让我感受良多：蔷薇是美丽的、幸福是平凡的、劳动是快乐的、生活是简单的、创作是会上瘾的……当然，还有好多好多我说不出来的！

花和花器

优雅的花毛茛「夏洛特」

融入和煦春光的柔美花瓣

去年在陶艺家的个人展览上买下的水罐。淳厚的黑陶质地，除了花毛茛，插入玉兰或是樱花的花枝也是不错的选择。

春天的园艺店和花店里有很多花毛茛，每次看到它们轻盈的花姿，总会产生一种温柔的情感。若干层重叠着的纤薄花瓣，斜斜地倚靠在花器边缘，就好像随时可以融化在春日的阳光里。

花毛茛可以一朵插在玻璃杯里，也可以把相同的品种扎成花束，还可以把颜色、花型不同的种类组合起来，让它们朝向不同的方向开放。今年我还是第一次见到这个名叫‘夏洛特’的品种，柔媚的粉色花瓣簇拥着黑色的花心，格外典雅别致，让我立刻对它着了迷，所以第一时间就把它带回了家里。

怎么插花才好呢?

插花的时候，有时是先选好花再来挑合适的花器，有时却又是先看中了某个花器，再到庭院里去采摘搭配的花草。这一次的花毛茛‘夏洛特’自然属于前一种，经过反复考虑，我为它选择了去年在陶器展上购买的黑陶水罐，搭配之后，看起来成熟中又带点儿纯真，正是我想要的感觉。

深深吸入春天的气息

明媚的流行色组合盆栽

阳光变得更加明亮，动植物们开始蠢蠢欲动，又到了春天这一年中最美好的季节。将这份春天的喜悦盛入小小的容器中，制作一道可爱的风景吧！虽然只是简单的小小一盆，也可以有十足的韵味。下面我们就从今年春天的三大主题流行色来介绍。

Main Flower

蓝目菊

Supporting Plants

银叶百里香

生菜嫩叶

用差异微妙的橙色和粉色编排出“成熟的甜美感”

在大株的蓝目菊周围，点缀上象征着这个季节的生菜幼苗以及纤细的银叶百里香。生菜嫩叶的深暗色搭配蓝目菊魅力独特的色泽，赋予整体观感以深度。生菜长大后，迎来收获的那一刻也令人期待。

Plants List

1. 蓝目菊
2. 银叶百里香
3. 生菜嫩叶（分株使用）
4. 红甜菜（分株使用）

Highangle

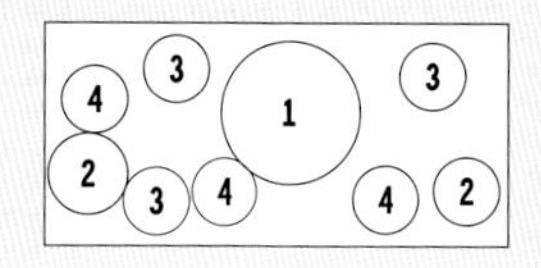

金盏花‘铜色美人’

Supporting Plants

常春藤‘白雪公主’

花叶蜡菊

Plants List

1. 金盏花‘铜色美人’
2. 常春藤‘白雪公主’
3. 花叶蜡菊

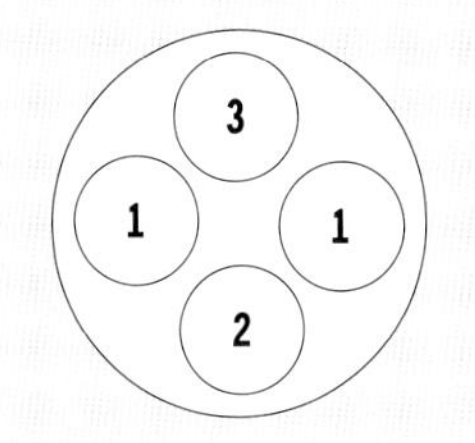

Highangle

俏皮的叶色衬托出表情丰富的主角花

金盏花‘铜色美人’的花瓣表面是浅橙色，背面则是古铜色。伴随着花开，花的面貌也随之改变。在简约而颇具温馨感的红陶盆中，悄然垂下的斑驳叶片，与同色系的陶器相映成趣，点缀出别样的色调与形式。

暖色 *Warm Color*

提到符合春天的暖色，首先想到的是紫色和粉彩色。不过这里将稍稍另类的成熟系春色，盛入到自然感的容器中展示出来。这个组合最大的魅力在于朴素但又雅致的氛围。

Main Flower

常春藤叶天竺葵‘白罗杰’

Supporting Plants

天竺葵‘金块’

花叶麦冬‘雪龙’

白+绿展现出简单而又大方的盆栽

以天竺葵的白花和深绿叶片为基础，利用亮色的彩叶，展现出由白到绿的色彩渐变。花和叶各自所独有的质感，麦冬叶勾画出的曲线——这一切都完美地调和在一起。为了不破坏整体平衡，底部使用简单的深色容器。

Plants List

1. 常春藤叶天竺葵‘白罗杰’
2. 花叶麦冬‘雪龙’
3. 常春藤‘白雪公主’(分株使用)
4. 天竺葵‘金块’

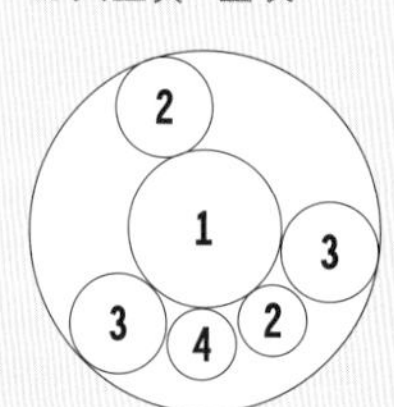

Highangle

淡雅色 Chik Color

以白花为中心，在它身旁添上暗色或绿色。通过颜色的搭配，细心打造出优雅的氛围。选择容器时挑选简洁的高档器皿，会更显雅致精美。

Plants List

1. 屈曲花
2. 矾根
3. 薰衣草‘邱园红’
4. 三叶草

Highangle

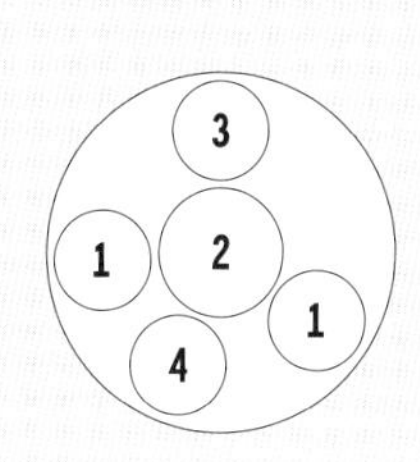

演绎优雅品位的白与黑搭配

通常扮演配角的屈曲花，此刻成为主角。轻盈的小花在铜色叶片的衬托下，更加秀美，而薰衣草深郁的玫粉色，则呈现出迷人的优雅感。配上浅色的容器，清爽的气氛油然而生。花的搭配、对色彩的控制，都堪称绝妙。

Main Flower

屈曲花

Supporting Plants

矾根

薰衣草‘邱园红’

粉彩混合 *Pastel Mix Color*

将粉色、奶油色等色调编织在一起，春天的气息便迎面扑来。选择有着色彩浓淡变化的花朵，能获得画龙点睛的效果，而且不会破坏整体的粉彩色调。用轻快的形式，强调出花的可爱。

浓郁的粉色吸引目光
精美可爱的悬挂花篮

这次的主角是姿态迷人、花瓣色彩渐变的玛格丽特菊。在它旁边依偎着古铜叶色的金鱼草和淡淡粉红的花叶络石，小小的盆中演绎出粉色的浓淡变化。金叶菖蒲鲜艳的细叶描绘出的线条，给挂篮增添了生机勃勃的青春气息。

Plants List

1. 玛格丽特菊
2. 菖蒲（金叶菖蒲）
3. 古铜叶色金鱼草
4. 花叶络石（分株使用）

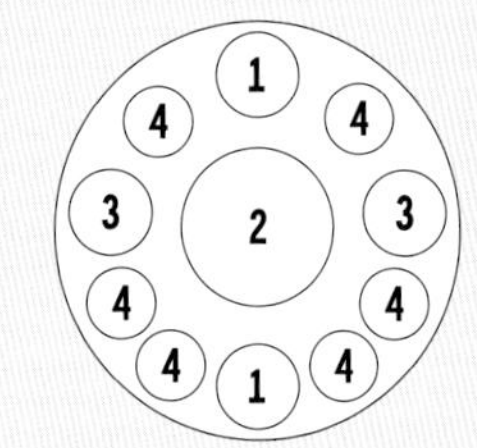

Highangle

Main Flower

玛格丽特菊

Supporting Plants

古铜叶色金鱼草

花叶络石

Main Flowers

麟托菊

蓝盆花

Supporting Plant

百脉根

Plants List

1. 蓝盆花
2. 麟托菊
3. 百脉根
4. 常春藤

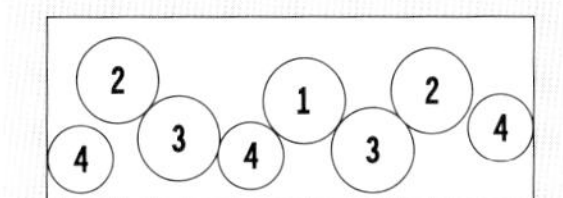

Highangle

设计的关键在于花茎细长、迎风招展的姿态

将两种有着修长花茎，惹人怜爱的花苗组合成令人感到春风拂面的盆栽。花株下部掩藏在百脉根质感柔软的金黄叶片下，两种截然不同类型的叶片就有机地融合起来。容器的蓝色油漆展现出古老的风情，令整个组合显得更为温馨动人。

Column

体型小而健壮的幼苗易于培育

制作小型组合盆栽的栽植诀窍在于不要塞入太多幼苗。小型的幼苗更方便培育，幼苗之间的紧密度也会更为合理。虽然可以将大型的幼苗分解使用，最近网络上有很多小幼苗出售，利用它们来做各种组合更为适宜。

上方 / 和左侧直径 9cm 的盆相比，右边的盆稍小，但比较高。种植工作会轻松一些，苗之间的紧密度也更加合适。下方 / 目前市场上天竺葵的品种和数量都有限，可以自己通过扦插来繁殖需要的花苗。

小草花也有大精彩

满载春天气息的组合花篮和盆栽

春季的花店里总是精彩纷呈，叫人眼花缭乱，到底该选择什么样的花卉制作组合盆栽呢？
这一次，我们将通常作为配角使用的小草花提拔为主角，按盆器造型分成三大类来一一介绍。

狭长的白铁盆 更能突显小花的美丽

这是一组以粉色和白色小花为主的混搭，朴素却很俏皮。植株虽小，但横长的盆器也能有效地烘托出它们的特色。
在主角天鹅江菊和樱茅的周围，错落点缀着千叶兰和头花蓼，呈现出一派清新的观感。

Accent Plants

黑色三叶草

头花蓼

Small Flower

天鹅江菊和樱茅

Plants List

1. 天鹅江菊
2. 樱茅
3. 头花蓼
4. 千叶兰
5. 百里香
6. 黑色三叶草
7. 景天

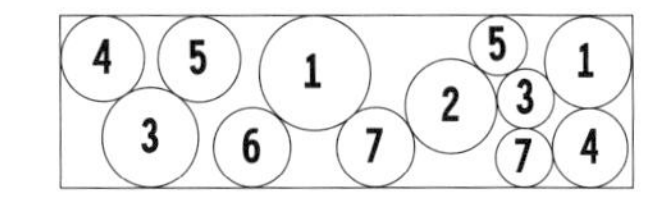

小小的花朵，可爱度 100%

Compact

使用紧凑的容器，哪怕主角只是一些小花，也会显得光彩照人。为突显出小花，用观叶植物烘托出清新的氛围。这类作品适合装点在桌子、椅子上，或是在其他离视线较近的地方观赏。

好似刚从郊外摘回野花的花篮

颜色明亮的小花仿佛春日阳光，熠熠生辉。用水晶菊将整个造型收束成圆形，均衡搭配以小金雀花和大戟，充分表现出植物的跃动感。整体配色相对简单，所以用植物叶片的颜色和姿态来增添作品的层次感。

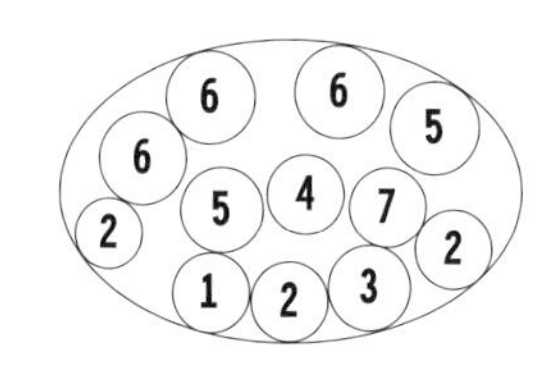

Plants List

1. 花叶过路黄
2. 常青藤‘小羽毛’
3. 樱矛白花
4. 大戟
5. 小金雀花
6. 水晶菊
7. 莲子草

大戟

＋

Small Flower

小金雀花

水晶菊

Small Flower

龙面花

天鹅江菊

Accent Plants

宝盖草

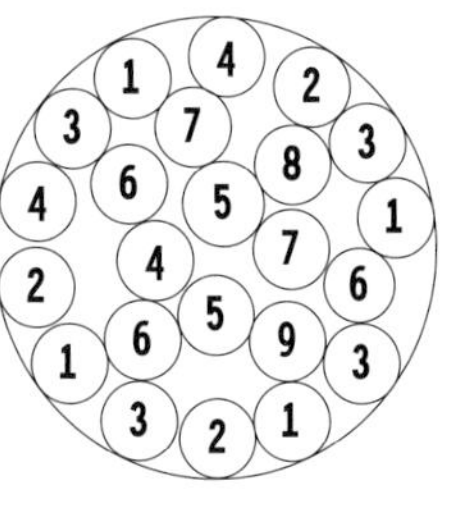

Plants List

1. 宝盖草‘银叶’
2. 天鹅江菊 淡紫色
3. 常青藤‘爱尔兰蕾丝’
4. 龙面花 珍珠白色
5. 龙面花 淡紫色
6. 天鹅江菊 黄色
7. 香雪球
8. 糖芥
9. 莲子草

用青葱绿叶衬托柔粉色系小花的吊篮

容量较大的花篮中各种小花错落有致，宛如空中花园一般。为了防止喧宾夺主，选择深绿色的常春藤时要选叶片纤细的品种。花篮下方用铁丝固定，控制住绿叶的分量，可以更好地陪衬娇小的浅色小花。

大盆配小花的混合植栽，姿态自然是魅力的重点。但需要注意的是，不要让花朵掩埋在绿叶中。要像画点描画一样，把花朵零星散布，才能衬托出小花娇美的姿态。

满满一盆分量十足

Voluminous

用深粉色花朵
给轻盈的植栽加点辛香料

椭圆形的铁皮桶中随手种上大量的花花草草,就完成了一盆缤纷的混合盆栽。这个作品看似简单，其实在白色和淡粉色基调中，添加了一株深粉色海石竹，立刻突显出分明的层次感，垂吊的粉色素方花和荷包牡丹则为整个画面增添了动感，造就出张弛有度、野趣十足的组合。

Small Flower

龙面花

高山雪球

Accent Plants

海石竹

Plants List

1. 花叶薜荔
2. 天鹅江菊
3. 铁线莲‘小精灵’
4. 砂糖藤
5. 龙面花
6. 荷包牡丹
7. 高山雪球
8. 香雪球
9. 素方花
10. 海石竹
11. 拢牛儿苗
12. 龙面花 淡粉色
13. 龙面花 树莓粉色
14. 莲子草
15. 龙面花

活用纵向的线条

Vertical

虽说都是小草花，但株型和花朵的姿态却是千姿百态。想要表达纵向的线条时，不妨采用修长的花茎或是添加细长的树枝，配以合适的盆器，让整体呈现出均衡感。

仿古花盆搭配
靓丽新颖的花草十分协调

在个性盆器和具有质感的花草中，蓝目菊这一类型的花格外引人注目。这个采用剪影手法的作品，其点睛之笔在于添加的一束白桦枝条。将白桦枝条束成一捆后，随手放上一块白色树皮，整个作品犹如现代派的雕塑一般。而脚下仿古的容器，将整体的艺术气息又提升一层。

Plants List

1. 大戟‘银天鹅’
2. 大戟‘祖母绿’
3. 瓦伦汀小冠花
4. 蓝目菊‘卷边’
5. 千叶兰‘黑桃心’
6. 千叶兰
7. 珍珠菜‘午夜阳光’

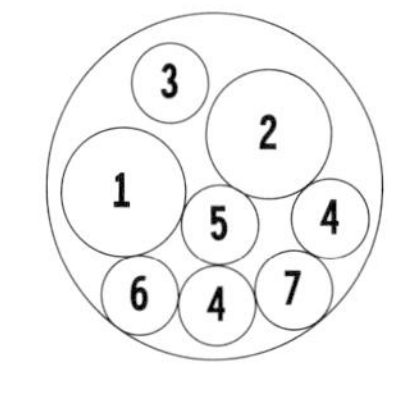

Small Flower

瓦伦汀小冠花

Accent Plants

蓝目菊

大戟‘祖母绿’

肉豆蔻香叶天竺葵

雏菊

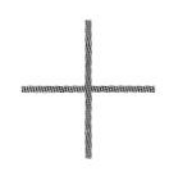

Accent Plants

红甜菜

Plants List

1. 红甜菜‘牛血’
2. 大戟
3. 刺果酸模
4. 黑色三叶草
5. 紫雀花
6. 香雪球
7. 景天
8. 雏菊
9. 老鹳草
10. 肉豆蔻香叶天竺葵

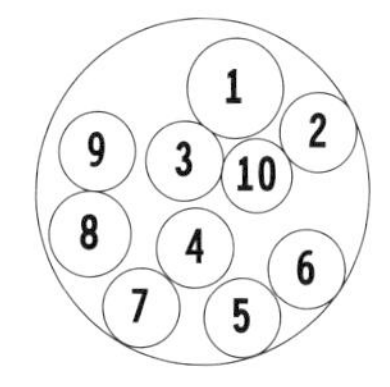

用各种姿态的草木
打造如梦如幻的场景

这是一组锁在鸟笼中的森林小景，极具故事性。白色雏菊仿佛是森林里的精灵。头顶的树枝则逼真得好像随时会有小鸟飞来小憩。白色、绿色等色调的多层次变化，既有深度亦有透明感。

鸟笼里的混栽方法 Zoom up !

防止土壤和泥炭流失　　用U形针固定　　用枯枝装饰

1. 笼子里按先泥炭，后水藓的顺序制备培养土，培养土要相对厚一些以防止泥土流失。2. 表面的泥土上用U形针加固泥炭。3. 杜鹃的枯根作装饰使用。切掉长根后的植株反转过后使用，模拟出林中枯木的造型。

花园改造篇

Nora 花园大改造

We are the Nora!

蜜友4人组的庭院大改造，让我们看看她们改造的Before&After。

住家相邻的4名“女汉子”，
因为相同的爱好结成了园艺组合——Nora。
该组合自亮相以来已有2年，
她们在上一期打造出一座标准凉亭后，
又有了什么新的活动呢？

Case1
小N家的
3大改革

Case2
小O家大胆地
撤去了连廊

4人齐心合力，体力活？没问题！
4人合力主意多多，打造高完成度的庭院。

Nora 是什么？

Nora是4名“女汉子”组成的花园设计师组合。
因为共同的爱好，4个人不知不觉走到一起，共同打理自家或亲友的庭院。这过程中很多事凭一己之力无法完成，于是自然而然地互相出主意，分工协作起来，这个愉快的组合就此诞生。

D·I·Y

负责DIY
小N

小N的花园

奔放开朗的“女汉子”，擅长体力劳动。无论建筑施工还是水管配管，电器配线……她都是施工现场不可或缺的老大。
她在物理力学方面颇有天赋，装修方面亦品位独到。甚至能将古董杂货收藏发展成自己的事业。由于丈夫工作关系曾有2年在德国生活的经历。海外生活的经验加上无拘无束的想象力，使得自家的庭院不断进化。

Landscape

负责景观设计
小O

小O的花园

曾活跃于广告界，如今是一名执着于色彩和造型的花园设计师。对花园的整体结构尤其在意。在组合内充分发挥了规划设计才能。她心灵手巧，特技之一是会动手制作花园配饰。座右铭是“精准利落”，持续着对庭院美感的追求。她的家里基本上成为了Nora的办公室兼工作室。

Digging & Healing

负责挖掘&耍宝
小R

小R的花园

因为专业是考古学的关系，与土地和植物十分亲密。擅长使用铲子，论挖地，她认第二，没人敢认第一。
栽植具有大型根系的植物、挖掘硬土方面经验丰富，是挖掘专家。
说她只是热衷研究的高级知识分子也太片面了，她的研究范围从考古学到搞笑艺术均有涉猎。她是Nora重要的耍宝角色，也负责财务，是重体力活里不可或缺的重要人物。

Rose & goods

负责玫瑰&杂货
小A

小A的花园

具有10年玫瑰种植经历的玫瑰达人。每年冬天都要照顾8座花园，对200株以上玫瑰进行修剪，扦插。
审美能力佳，尤其是对杂货和植物的选择、搭配能力出众。对新事物富有热情。是Nora中最擅长电脑操作的人，所以负责收集和发送信息，以及涉外发表工作。与此同时她还负责组合的计划安排，物资配送，摄影等，是组合内的后勤部长。

【小N家的花园改造要点】

Point1
更换了连廊

Point2
重新铺装地面

Point3
设置凉亭

Case 1
小N家的花园

3大元素焕然一新
一改以往背阴的印象
陈列的小杂货让花园耀眼生辉

久违的园艺生活 DIY热情爆棚

如简历所述，小N自归国后，一直沉浸在亲手修整自己的庭院的喜悦之中，并从这份喜悦之情衍生出了3个改革的想法。“家里的连廊既古旧又阴暗，地坪也是一到下雨天就湿滑容易摔倒。”“栅栏的一部分也应当加固一下。”想着想着就决定借此机会把不满意的地方都翻修了。

连廊改造是委托专业施工人员做的，其他作业则由小N和Nora的3位成员一起分期完成。花园改造完工是当年冬天。经过辛勤的努力，整个花园变得明亮又富有变化。

暗沉的旧连廊变身通透明亮的新款连廊

小N家的连廊至今已有约10年之久，部分地方已经出现老化现象。因为位于庭院深处背阴处的缘故，怎么看都给人以阴沉的印象。这次连廊选择的是混合木屑的树脂，这是一种不易被侵蚀的新型材料，色彩方面则利用白色来提高亮度。半圆形设计巧妙地贴合院子整体的风格，虽然是崭新的元素，却并不显得突兀。站在前庭，崭新的连廊让人随时都会眼前一亮。

c

a. 二层阶梯状旧连廊。整体刷白后配以展示墙，增添明快的观感。
b. 新连廊虽然没有分层、设计平坦，但半圆形的造型让人不觉得单调。凉亭是在连廊重建后3个月内，由Nora3位成员的丈夫们共同制作的。
c. 抓紧时间把蔷薇攀上架。凉亭的造型均出自小N本人的设计。

Point

2 形状各异的砖瓦和石砾造就了变化丰富的地面

因为红陶地砖铺设的地面容易滑倒，所以决定剥离后重新铺设。在建材中心备齐了砖瓦和砂石以后，从连廊前方开始进行施工。交替使用正方形和长方形砖瓦，好像拼图一般铺设成路面。连接入口的小路部分也进行了同样的施工。
玄关前的小路变换风格，与连廊统一。

d. 庭院改造前是用正方形红陶地砖铺设的规则图案。右侧小路的入口拐角处埋了两根粗原木切换风格。
e. 改变成多种素材铺设的路面更加富于跃动感。右侧小路铺设了长方形红砖，不经意间达到了转换气氛的效果。
f. 玄关前的小路，之前是以日晷为中心呈十字延伸。
g. 改良后沿新的连廊呈弧线形。红砖涂上混有绿色涂料的水，做旧成生苔的自然效果。

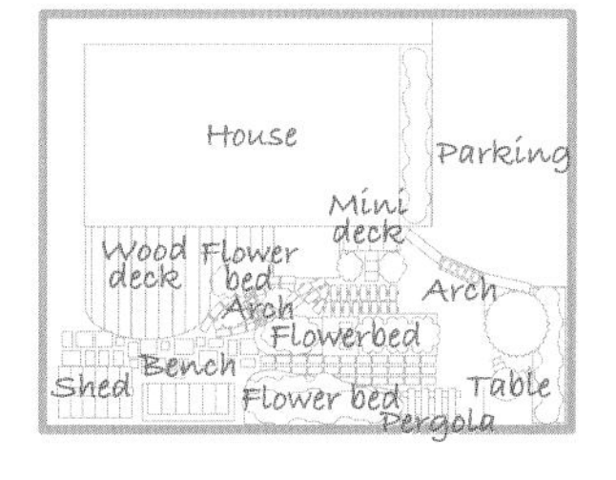

Point

3 藤架与栅栏同色营造出幽深的意境

深绿篱笆十分醒目，但大门附近的柱子有些松动了，所以在加固的同时做了一个藤架。准备好木材后，涂上同样的深绿色后开始施工。施工由小 N、小 O、小 R 三人协作完成。两个柱子起到分割空间的作用，营造了一个小木屋似的空间。

h. 过去一到冬季四照花（*Benthamidia japonica*）树叶凋零后，前庭就显得十分萧条。
i. 藤架完成以后，增添了纵深之感。粉色的古典玫瑰‘欧格夫人’攀附在门柱上，突出了柱子的存在感。
j. 壁面的展示墙上陈列的白色搪瓷杂货增添了几分柔美的风情。

NORA技术大揭秘

来自新闻发言人小A的

小N府邸改造现场报告①

经常拍摄Nora活动现场照片的H老师，帮我们记录了改造的样子。我们分成夏季和冬季2次，来看看小N家庭院的改造实况。

大家好，请看我们的工作现场报道！

铺设地砖的火热日子

“Nora集合！要铺路面咯！”收到邮件是7月的某一天。专业施工人员改造好连廊后，大家一起进行后续施工。

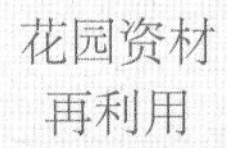

1. 第一步先剥离旧的路面地砖。

首先把正方形红陶地砖一片一片地剥离干净。这次要改造成砖块和石头组合路面，剥离下来的红砖也会被再次利用。

2. 铺上沙子奠基，小R拜托了！

接下来用黄沙和沙砾整平奠基。说到铲土作业，当然要有请Nora的挖掘名人——小R登场了！看看，多么扎实，多么专注。

排列方法很重要

3. 铺设作业开始了，情绪高涨，气温也在高涨！

原以为铺的时候只要注意平衡就行了。没想到要组合各种材料，厚度层次都有差异，需要不断刨削地基，才能保持水平。天气真热……

好漂亮！

4. 集中精神，1天就完工了！

因为大家的专注，连廊前的路面顺利铺设完成了！

女主人小N看起来很满足，这让大家愈发期待竣工后的白色的连廊了。

后记：

9月连廊完成后，却发现连廊下的路面相对较低，和连廊不是很协调。小N想要重新铺设，大家不过她。Nora再次集合！人多力量大，全部返工完成！

群策群力，一起搭藤架

12 月圣诞节前后的某一天，“Nora 集合！给连廊搭藤架了！”收到这封邮件后，Nora 的成员中加入了 3 名值得信赖的男士，就此开始了 Nora 的新工作。

1. 根据连廊的size，切割木材。

小 N 已经给藤架的材料上过色。后续细节的作业，诸如调整长度，组合木材等加工活是和小 R 的丈夫一起完成的。擅长 DIY 的小 R 帅气十足。

2. 安装需要人手，等待已久的DIY男士们登场了！

刨光完成后，就到了设置环节了。连廊的柱子使用角铁加固。用电锯和砂纸微调，并加固木材。

3. 藤架完成，空间更明亮了！

白色的连廊旁，一座美丽的藤架完成了。柱子上部的木材略倾斜来加固，设计堪称完美，令人不禁期待起春暖花开时，这里会是怎样的一片美景呢。

番外篇

小N的视觉效果营造小窍门

厨房杂货扮　栅栏

栅栏上仿佛随意放置的厨房用具。同一种类放置 2 ~ 3 件，从而使视觉不失平衡感。

利用黄色系的仿古角落

连廊一角设置了一面板墙，一旁摆放的缝纫机台板和印花托盘更添几分雅致。
垂挂而下的吊篮将人的视线引到上方。

Case 2 小O家的花园改造

拆除老化连廊
化繁为简
老屋子生出新感觉

扩充植栽空间，打造成一座能信步其中的安逸庭院

小O家的连廊已有20个年头，几乎是伤痕累累了。这次的改造主题是“我喜欢植物沐浴阳光时朝气蓬勃的样子，此前植栽处是半阴的，所以想把连廊拆除，扩大植栽空间。”拆连廊和铲除混凝土的工作是委托专业人员施工，Nora成员负责混凝土下面的土壤改良。

休憩时视线自然下移，就会发觉与植物之间的距离拉近了。通过这次的改造，不仅让小O家的庭院变得更加舒适，Nora成员们的植栽技术也更加精进了。

【小O家的改造重点】

Point1
拆除连廊

Point2
开拓新的植栽空间

Point 1 连廊拆除以后 视线自然下移 提升了空间的开阔度

与卧室同高的连廊，光照良好，是瞭望庭院的好地方。但是这次增加植栽空间的第一步就是要拆除这座老朽化的连廊。保留白色的藤架，减少30cm厚度的木甲板，提高了花架的存在感，庭院显得更加优雅协调。

a. 阶梯状的旧连廊。廊柱下方摆放的盆栽与地面植被浑然一体。
b. 淡绿色的桌椅放置在原来旧连廊所在的位置，缩短了与地面植物间的距离，让人仿若置身于植物环绕的空间之中。

Before

After

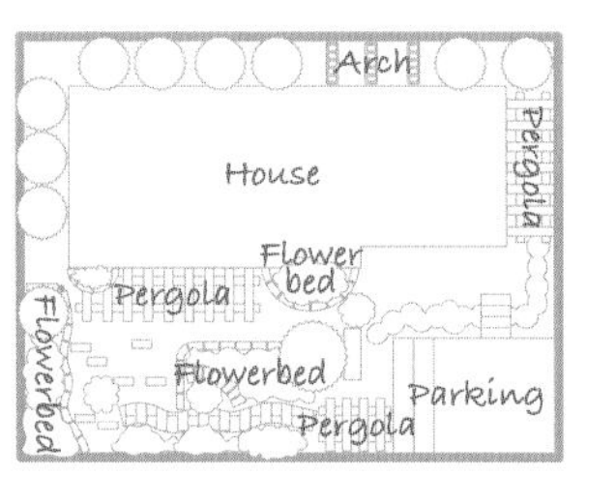

Point 2 为扩大植栽空间 铲除一部分混凝土

连廊拆除以后留下灰色的混凝土。拜托专业施工人员划了弧形，再沿着建筑物边缘铲除完成后，空出的空间种植上了新的植物。当然原来被水泥覆盖的泥土需要挖出后替换上植物用的培养土。

Before

After

c. 旧的连廊是从卧室伸出延伸而成。
d. 缩短翠绿色桌子和植物的间距，给予植物更多的生长空间。
e. 铲除后的水泥地面边缘呈弧线形。为遮挡窗沿，在其间种植了矮生的针叶树和黄杨等植物。

来自新闻发言人小 A 的

小 O 家的现场报告②

接下来是小 O 家的现场报告。整个改造过程中，规模稍大的施工作业委托专业人员进行，Nora 的主要工作是整土。这个工作看似简单，却出乎意料的辛苦。

告别旧连廊，迎接新的风景

“Nora 集合！一起来改良硬邦邦的泥土！”收到这封邮件是在小 N 家地面修整前的某一日。为了改良混凝土下方的泥土，Nora 的全体成员又再次聚首了。

感谢长久的陪伴

1. 陪伴我们20年的连廊啊 再见了～

拆连廊当天，感慨良深的小 O 的背影。这座连廊无论对于主人，还是对 Nora 的成员来说，都是充满回忆的场所。

转眼之间～

2. 混凝土的切割 就拜托专业施工队伍了。

专业施工队顺利地拆了连廊后，按照小 O 的设计，铲除混凝土作花坛用。场地比想象中大，泥土改良貌似够呛啊……正在小O稍带不安时，Nora的好友们登场了！

一眨眼的功夫就……

3. 刨出花坛下面的土壤改良！

在刨土名人小 R 带领下，四个人一起刨松铲除后的地方，掘出 50cm 深的土壤后，堆肥盖土。

4. 新空间完成！下面就看小O的植栽品味了。

环境整备好后，就要种植了！利用草坪制造高低差，是小O的拿手好戏。她的植物们真能渐渐与规划有序的空间融为一体，并茁壮生长吗？

会变成什么样呢？

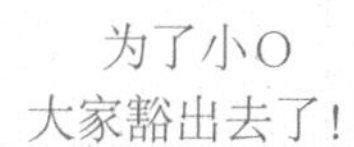

5. 11个月后…… 焕然一新的小O家！

地面的草坪上生长着各种形态的观赏草，柠檬黄的金叶柏树提亮了空间的色彩。半圆形的空地上种植的铁线莲同样美不胜收。小O家的新花园简直令人陶醉嘛！

用生机勃勃的

玫瑰 × 草花来装点美丽的春日花园

春天的玫瑰能将花园装点得色彩缤纷，在这个大家翘首以盼的季节到来之际，我们一起来学习能够突显出玫瑰的动人魅力的玫瑰 X 草花的搭配种植技巧吧。

和草花搭配的要点

POINT 1 掩盖玫瑰植株稀疏的底部

和草花搭配的要点

POINT 2 在玫瑰花朵盛开的高度增添色彩

让玫瑰和草花相互映衬、和谐共存

说到玫瑰的魅力就会想到浪漫华美的氛围和无法忽视的人气焦点。富有深度的花色和形状、无与伦比的芳香，人人都曾在内心憧憬过一个绽放玫瑰的绚丽花园。

近年来园艺界被称为“花园玫瑰”的玫瑰品种，多数都非常适合用于花园和花坛。比如说英国的奥斯汀玫瑰，就是为在花园中栽培而专门培育出来的品种。花园玫瑰无论是株型还是花朵都具有良好的协调感，特别适合与草花搭配，能够营造出舒适和谐的花园氛围。（译注：相对于花园玫瑰，切花玫瑰就是专用于切花的株型，并不一定适合在花坛运用。）

用草花搭配玫瑰的过程，是一件充满乐趣的工作。用白色玫瑰和白色草花搭配可以统一出整洁的印象，或者在粉色的玫瑰中加入紫色的草花烘托出甜美的淑女感……搭配上不同的草花，玫瑰会给人完全不同的印象。

但是在享受乐趣之余，我们还需要记住的是，无论想要打造哪种印象的场景，都应该遵循一个共同原则：不要过于密集种植。贪得无厌地种植过多的植株会令草花茂密生长，从而影响玫瑰的通风和日照。特别是在高温、高湿的闷热季节，很容易造成病虫害的发生。因此一二年生的草花在花朵凋谢后就应该及时拔除，而对于宿根植物，也要适度控制它的生长。同样，也可以选择株型合适的品种，防止根系或叶片过于茂盛。

总之，想要花园持续保持魅力，与其杂乱无章地种植一堆草花，还不如在简洁、有规划的种植考虑之后，让每种植物保持足够的生长空间。下面，我们就通过几个实际的种植案例来看看花园里玫瑰和草花的搭配技巧。

用草花来搭配的要点
POINT

1 掩盖玫瑰植株稀疏的底部

无论是哪种株型的玫瑰，植株的根部附近总会显得有些空荡荡。裸露出的根部会破坏空间的平衡，为了保持整体的优雅感，不妨用蓬松的草花覆盖玫瑰根部。这里推荐给大家的是既不会影响玫瑰根系和叶片生长，也不会影响植株通风的纤长品种。

Ⓐ **墨西哥飞蓬菊**
***Erigeron Karvinskianus*）**

Ⓑ **矾根（*Heuchera*）**

Ⓒ **宿根柳穿鱼（*Linaria*）**

可爱的小花能够让大花型玫瑰显得清爽明快

在花园小径上放置古典风格的栅栏，种植上深粉色的玫瑰‘赤胆红心’和淡粉色的‘伊莲娜伍兹’（'Irene Utz'）等。在植株根部添加上几株花朵细小可爱的墨西哥飞蓬菊、宿根柳穿鱼等。古铜色叶片的矾根则起到聚拢视线的效果。

Ⓓ **蕾丝花（*Orlaya grandiflora*）**

Ⓔ **百子莲（*Agapanthus*）**

Ⓕ **耧斗菜（*Aquilegia vulgaris*）**

利用株型较高的一年生草花来实现和玫瑰之间的平衡

在木质的藤架上牵引藤本玫瑰‘波旁皇后’，再种植蕾丝花和耧斗菜等造型简洁的草花。郁郁葱葱的叶片能与花朵形成良好的平衡感。

用草花来搭配的要点

POINT

2 在玫瑰花朵盛开的高度增添色彩

除了让植株的根部更具美感之外，也可以在玫瑰盛开的高度用草花来稍事点缀。配搭上不同高矮的草花，能实现千变万化的效果。选择与玫瑰不同花型的草花，仔细推敲色彩搭配，让玫瑰和草花彼此映衬。

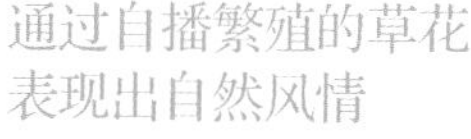

通过自播繁殖的草花表现出自然风情

图片中种植了粉色的奥斯汀玫瑰‘格特鲁德·杰基尔’('Gertrude Jekyll')、白色的‘冰山’('Iceberg')和红色的‘布莱斯威特’('L D Braithwaite')。洒落的种子自播出的毛地黄和宿根柳穿鱼茁壮成长，包围住富于层次的中大花型玫瑰，打造出一个动感立体的花坛。

- G 宿根柳穿鱼（*Linaria*）
- H 婆婆纳（*Veronica*）
- I 玉簪（*Hosta*）
- J 条纹庭菖蒲（*Sisyrinchium striatum*）
- K 柔毛羽衣草（*Alchemilla mollis*）
- L 林荫鼠尾草（*Salvia nemorosa*）
- M 毛地黄（Digitalis）

用美丽的藤本玫瑰和蔓性草花来装点墙面

在墙壁前装上白色的栅栏，牵引上红色的玫瑰‘炸药’('Dynamite')，和意大利系的白色铁线莲搭配出富于对比的场景。意大利铁线莲是可以进行重剪的铁线莲品种，所以在冬季的养护十分轻松。

- N 意大利系铁线莲
- O 齿叶薰衣草（*Dentata lavender*）

种植可以修剪的草花来控制通风

盛开着粉色和白色花朵的玫瑰花园小径。种植绵毛水苏和猫薄荷来覆盖玫瑰的根部。猫薄荷恰好可以生长到和玫瑰差不多的高度，看起来效果斐然。如果猫薄荷植株生长过于茂密，可以适当修剪。

- P 绵毛水苏（*Stachys byzantina*）
- Q 猫薄荷（*Nepeta cataria*）

为玫瑰植株底部增彩的草花目录

这里推荐的是通透感强、丰满蓬松的品种和生长茂盛但植株较矮的品种。

黑种草（*Nigella damascena*）
毛莨科 一年生草花 株高：50~60cm
具有粉色、蓝色和白色的花朵，纤细的株型，特别有自然情趣。

猫薄荷（*Nepeta cataria*）
唇形科 宿根草 株高：30~50cm
略带银色的蓬松叶片给人柔和的印象。适合与株高较高的玫瑰搭配种植。

绵毛水苏（*Stachys byzantine*）
唇形科 宿根草 株高：30~40cm
带有绒毛和柔软质感的银色叶片，散发出浪漫的气息。

老鹳草（*Geranium*）
牛儿苗目科 宿根草 株高：10~50cm
植株饱满，有着可爱的茂密花朵，最适合用来为花坛的绿色植物增添色彩。

地被婆婆纳"蓝牛津"
（*Veronica* 'Oxford Blue'）
玄参科 宿根草 株高：约10cm
古铜色的叶片，盛花期全株会开满蓝紫色的蓬松花朵，是十分强健的品种。

三色堇（*Viola*）
堇菜科 一年生草花 株高：约30cm
适合在年初的时候购买，这样就能从冬季一直观赏到春季。花色丰富，能够自由搭配。

矾根（*Heuchera*）
虎耳草科 宿根草 株高：20~30cm
有许多具有独特颜色的品种。在初夏会盛开红色或粉红色的小花。

玉簪（*Hosta*）（**中小型**）
百合科 宿根草 株高：20~30cm
拥有各种各样的叶色和大小的品种，在初夏开花。玫瑰的植株底部适合种植中到小型的品种。

能在玫瑰同等高度开花的草花目录

为了避免高温天闷热和病菌感染，这里推荐选择开花后枯萎的一二年生草花和拥有纤细线条感的品种。

牛舌草（*Anchusa*）
紫草科 一年生草花 株高：20~120cm
锥形般的蓝色花朵密集开放。由于植株害怕闷热，要注意通风。

百子莲（*Agapanthus*）
百合科 宿根草 株高：50~80cm
常绿的叶片具有细长的特征。蓝色、白色的花朵给人清爽的印象。

蕾丝花（*Orlaya grandiflora*）
伞形科 一年生草 株高：60~70cm
纤细的花茎上盛开着如同蕾丝般的白花。株型纤弱却不容易倒伏。

虞美人（*Papaver rhoeas*）
罂粟科 一年生草花 株高：30~60cm
由于花瓣较薄，即使花朵很大也会给人轻盈的印象。风中摇曳的样子令人喜爱。

宿根柳穿鱼（*Linaria*）
玄参科 宿根草 株高：60~100cm
细长的花茎顶部开满穗状的小花，拥有细长的线条感。

麦仙翁（*Agrostemma*）
石竹科 一年生草花 株高：70~100cm
拥有飘逸却不艳丽的花朵，干净的粉色会令整座花园明亮起来。

毛地黄（*Digitalis*）
玄参科 二年生草花 株高：100~150cm
修长的花茎上开满了小口袋般的花朵，充满视觉冲击感。

紫花琉璃草（*Cerinthe major*）
紫草科 一年生草花 株高：40~50cm
粉色或深紫色的下垂花朵带来精致的印象。通过播种繁殖。

在与玫瑰搭配之前需要考虑的事情

为了更好地搭配玫瑰与草花我们需要知道的事情

在种植草花的时候，应确认种植的地方是否合适。特别是在与玫瑰搭配的时候，绝不能让草花阻碍玫瑰的生长，这是必须首先考虑的问题。下面由两位园艺师为大家介绍这些需要注意的要点。

选择植物的要点

首先需要了解植物在各个生长时期的株型。“想要种植的玫瑰是直立型的，还是横向生长型的？”“用来搭配的草花的植株和叶片是否有扩张性？”这些特性应事先调查清楚。在这个基础上再考虑草花的枝叶是否会过大而影响植物的生长发育。如果胡乱地种上各种植物，过多的植物会因拥挤而纠缠在一起。只有规划合理，让植物达到较好的生长状态才能制造出良好的效果。

玫瑰与草花搭配的8个选择诀窍

1 

应选择长势强健的玫瑰品种。避免选择抗病性弱的和株高较低容易被草花遮盖的品种。

2 

避免种植根系旺盛的草花品种。在玫瑰的周围不应种比玫瑰更高且会遮挡光照的树木。

3 

玫瑰植株根部如果完全被草花覆盖的话，不容易发现天牛等害虫，因此不要种植把根部完全覆盖了的草花。

4 

巧妙利用一年生的草花。在盛花期后将草花从花坛里拔出，夏季增强通风，更容易管理。

5 

生长较快的蔓性植物，例如牵牛花和星茄藤（*Solanum jasminoides*）等，会缠绕到玫瑰枝条上，妨碍日照，尽量避免。

6 

铁线莲适宜选择意大利系、杰克曼系和德克萨斯系等可以进行重剪的品种，在冬天可以修剪掉大部分的藤蔓，这对玫瑰的生长十分有利。

7 

在玫瑰植株下部密集种植地被植物的话，难以清扫病叶和枯叶，应留出适当的管理空间，方便对植物进行修剪和养护。

8 

在玫瑰的周围种植球根植物的话，会在添加冬季肥料的时候碰伤球根。因此，在种植的时候要选择皮实的品种。

心爱的玫瑰包围着的
芬芳馨润的玫瑰园

个性庭院探访记
夫妻共同打造的浪漫玫瑰园

浓妆淡抹两相宜，拥有截然不同魅力的各色玫瑰，在这庭院中相互衬托、争奇斗艳。空气中弥漫着玫瑰的花香，风儿吹拂着庭中的花草。时间，一点一点地缓缓流逝。

上 / 以大枞树作为基准点的主花园，拱门部分选用了‘阿尔贝蒂’，给人以郁郁葱葱的立体印象。右 / 选用了‘克里斯托夫·马洛’和‘帕特·奥斯汀’两种玫瑰品种，都是经过爱好复古色系的女主人严格甄选而出。

Stylish Garden

高雅的玫瑰花和质朴的草花交织在一起 制造出华丽而不乏自然情趣的庭院景观

进入这座繁花似锦的庭院，最先映入眼帘的就是这个宽 3 米、高 2.5 米的巨大花棚。向院子里踏进一步，就能够看到立体栽植的各色玫瑰在此争奇斗艳，如梦似幻的园中景色，开始在眼前徐徐展开。

主人的房子建造于 17 年前，庭院的大小原本只够种植几棵银杏树。出于一次偶然机会，女主人在院子里种植了朋友给她的荚蒾，尽管没有特别花费什么心思去护理，但荚蒾的长势却非常良好，这让她深深感受到了植物的强大生命力。在和丈夫的交流中，夫妻俩渐渐地都发现了园艺的魅力所在，于是买来腐殖土堆进庭院，对土壤进行了优化改良，并由此开始了两人共同的园艺之旅。

夫妻俩最喜欢的花卉都是玫瑰。不过有一个问题，丈夫喜好颜色鲜艳浓郁的品种，而太太却喜欢颜色清淡素雅的种类，两个人在玫瑰品种的挑选上产生了分歧。经过大大小小的多次磨合，今天我们看到了这座庭院中，两种不同风格的玫瑰相互衬托，相互融合的特别景象。“没有办法，谁也说服不了谁呀！所以现在是在鲜艳的玫瑰旁边配以淡雅的品种，在大花儿的周围点缀几朵小花儿，让不同特点的玫瑰相互衬托。”意见分歧中，两人将不同品种的玫瑰进行大胆的组合，最终创造出了现在这个错落有致、充满自然趣味的庭院。

说到把这些色彩、风格各异的玫瑰和谐地串联起来，园子里随处可见的宿根草花功不可没。在花店工作的朋友的建议下，女主人将宿根草引入到自己的庭院，在一般人不会涉及的地方也花费了独到的心思。宿根草类植物一般都是靠种子飞散的形式来繁殖，那种独特的自然气息与玫瑰花鲜艳的色彩完美结合，营造出一种闲适自然的随性风格。

女主人平时的兴趣是做针线活。从手工室的窗户向外望去，就能够欣赏到丈夫最爱的鲜艳红玫瑰。

栽种着‘洛可可’和‘伊芙伯爵’等五颜六色的玫瑰品种的圆形花坛。小道的尽头被拱门半遮住，犹抱琵琶，引人入胜。

上 / 栽种着宿根草、薰衣草、猫薄荷等漂亮的草花，洋溢出纯天然的情趣。
下 / 种植着‘安吉拉’的花棚之下，摆放着先生制作的 BBQ 烤炉。家中的爱犬‘雷霆’也非常喜欢在庭院中玩耍。

夫妻二人在花园里加入了各自喜好的玫瑰，左边的图片是先生选择的鲜艳的玫瑰品种‘乌拉拉’，右边则是太太心仪的花色优雅的‘遥远鼓声’。

为了进一步提高自己的园艺水平，夫妻俩还买来很多园艺杂志进行研究。最先引起夫妻两人注意的是利用花园硬件来立体地陈设玫瑰花的方法。于是太太构思出凉亭和拱门的设计，丈夫则负责实际搭建。如今，庭院里夫妻两人共同设计建造的花棚和花拱门共有 9 个。经过近十年来不断的尝试、修正错误和积累经验，夫妻两人终于在造型设计、美观程度、结构强度等方面给出了完美的答卷。

花棚的摆放位置，也是经过了两人的一番精密计算。花拱门设置在道路的末端，增加了庭院的纵深感，让客人有一眼看不到头的感觉。当到家里做客的客人看到此种风景时，一定会不禁思索“这后面还有何等美景等着我呢？”

树木与花卉组成的影壁后面，
还有什么等待着我们？
深入庭院，一探究竟吧！

上 / 主庭院旁边的次花园。以樱花树等树木为设计重心，此外还栽种了绣球‘安娜贝尔’和蔓长春花，整个次花园看上去绿意盎然。
下 / 由‘群星’和‘威廉莫里斯’（玫瑰花品种）组成的大型拱门被设置在后院里，正对着女主人的手工室。

Stylish Garden

除此之外，还设置有用来分隔不同景观的玫瑰大门。大门与花棚和花拱门相连，婀娜多姿、花枝招展的各色玫瑰装饰于其上。不管客人站在庭院的哪个角落，都有美丽的玫瑰颜色映入眼帘。

除了在庭院里培育花卉之外，女主人还在院子里设置了 BBQ 烤炉、长椅、桌子、秋千等各类休闲用品，让院子整体的氛围变得更加轻松舒适。庭院中的所有这一切都是夫妻二人共同的心血，夫妇共同设计并建造了这个由玫瑰花所包围的美丽空间。

现在，两人或是独自专注自己的爱好，或是一起悠然享受园中美景，或是叫来好友办一场热闹的花园派对，这个将理想变为了现实的庭院，就是两人共同努力的结晶。

缤纷多彩的叶色

根据叶色
选择庭院树木

铜叶、黄叶、银叶、带斑纹的叶片……
树叶也有各自的特性。
树木本身的魅力自不言说，
在做好色彩计划的基础上融入树叶的特性，
能使庭院整体的印象骤然改变。
下面，我们就来了解一些关于彩叶树木的
基本知识。

上／粉色的玫瑰后方是优雅的斑叶枫树。左中／古铜叶色的小檗是适合树篱的树种。左下／明亮的金色叶片闪闪发光。 右／银白杨的叶片反面是银白色，抬头仰视会非常漂亮。

用树木的彩叶 使庭院焕然一新

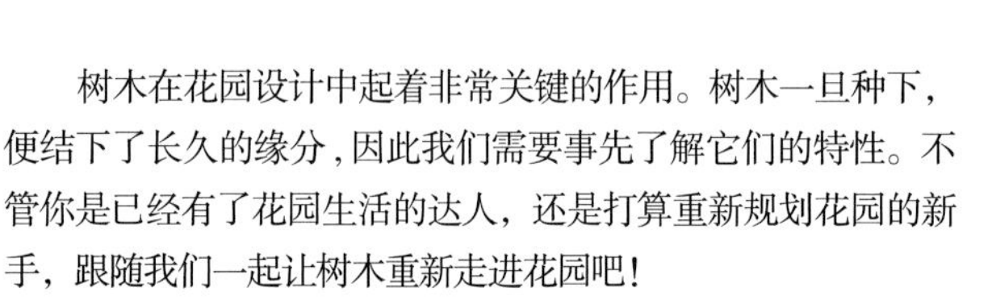

树木在花园设计中起着非常关键的作用。树木一旦种下，便结下了长久的缘分，因此我们需要事先了解它们的特性。不管你是已经有了花园生活的达人，还是打算重新规划花园的新手，跟随我们一起让树木重新走进花园吧！

看树木要根据一年之中是否会落叶的原则，分为落叶树、常绿树。或者根据株型大小分为高木、中木和低木。栽种树木时，根据种植环境因地制宜地选择树种是往后养护工作的关键。树木一经种植可能在一个地方存活数十年，因此树木的株型和特征，都需要经过事前谨慎的调查。

选择树木的标准中，特别需要注意的是树叶所具有的独特魅力。和地被植物一样，树木中也有很多彩叶品种。树叶越茂盛的品种，彩叶效果越佳。若能巧妙地运用彩叶这一特征，就能充分表现出景观的立体感。

彩叶树种主要有4类：1. 古铜色；2. 黄色、柠檬黄色；3. 蓝色、银色；4. 花斑或斑纹。其中，1和3是深沉的缩退色系，可以表现出景色的纵深感。反之，2和4是扩张色系，呈现出明亮夸张的扩充感。

下一页我们将根据这4种分类，一一举例介绍。

巧用树木的四则心得

1. 常绿树和落叶树要协调

考虑四季特征、光照和冬季的色彩分配，常绿树：落叶树的比例在6：4或7：3为最佳。

2. 选择各种高度的树木

高低木交互的植栽效果，能给人既统一又立体的感觉。

3. 因地制宜

尤其需要注意的是光照强度。有一些品种会因为直射阳光导致叶片被烧焦。

4. 用树叶的颜色制造立体的景观

合理使用叶片颜色是关键。在成片的绿色之中，适当地点缀彩色树叶可以使庭院显得纵深幽远。

活用叶色，提升立体感！

巧妙运用树叶的19个小贴士

叶色不同，树木呈现的效果和配植的效果也迥然不同。下面我们一起来看看家庭中巧用彩色树叶的实例。如果发现了心仪的树木品种，可以比照品种介绍栏，了解它的名称和特征。

Color 1 古铜色系

此类紫红色的树叶也被叫做铜叶。即使数量较少，也能使空间看起来更加紧凑。这类树木具有强调突出的效果，建议种植在花园中醒目的位置。

Hint 1 大小不同的铜色叶片搭配增加景深感

草坪四周的高木中种植了一棵红叶李。在它下面种上红花檵木（*Loropetalum chinense* var. rubra），大小不同的铜叶组合搭配，进一步突出了远近感。

红叶李【*Prunus cerasifera* var. atropurpurea】

蔷薇科。抽新芽的季节里，树叶呈深红色，并绽放类似樱花一样的花朵。习性强健，可以适应各种土壤。需注意防虫害。

高木

黄栌【*Cotinus coggygria*】

漆树科，花开时轻盈朦胧，类似烟雾，极具个性。喜好光照良好和水分充分的土壤。生长旺盛，秋天需要修剪。

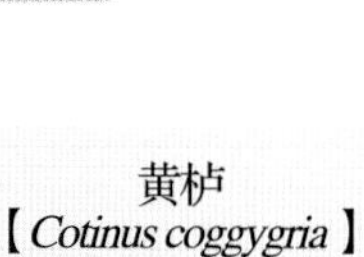
落叶

强日照NG

Hint 2 让树木底部的植物充满轻盈感

以黄栌树为背景，加以姿态、色彩不同的植物，打造出一个有层次感的花坛。铜色叶片的衬托为前排的亮色系矾根增添了熠熠光辉。

紫叶小檗【*Berberis thunbergii* 'Rose Glow'】

小檗科，树叶小，适合修剪成圆形。除铜叶外也有黄叶品种。秋天结果。喜好通风的地方。

Hint 3 绿色之中更醒目

横向种植了一列紫叶小檗。这个株型低矮、叶片纤细的小叶品种，保持了庭院的清爽感。

Hint 4 富有个性的铜色树叶组成深沉的一角

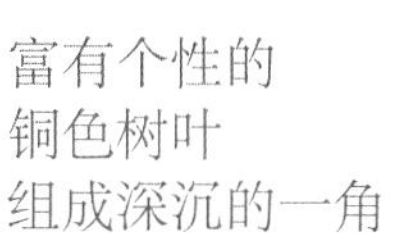

紫叶合欢树的根部种植着新西兰麻和薹草。单纯的颜色配合个性鲜明的草姿，颇具异国风情。

紫叶合欢树‘夏日巧克力’【*Albizia julibrissin* 'Summer Chocolate'】

蝶形花科。一到夜间就会收起叶片的合欢树属于古铜叶树。春季为绿色，进入夏季后叶色渐红。花朵富于个性，光照不足时叶片会褪色。

高木

加拿大紫荆【*Cercis canadensis* 'Silver crowd'】

落叶
高木
强日照OK

蝶形花科。深紫色的心形叶片是其魅力所在。4月开小花，夏天过后叶色逐渐变为绿色。既耐暑又抗寒，个性坚韧。

Hint 5 富有层次的色彩使得花坛焕然一新

后方种植加拿大紫荆的花坛。用奥莱芹等楚楚可怜的小白花，营造出简练的气氛。

Color 2

黄~柠檬黄系

这一系列的颜色好像在强光聚焦下一样醒目。最适合放在引人瞩目的焦点或前庭之中。在绿色中混搭金叶树种的效果也非常显著。

Hint 6

不被墨绿的栅栏掩盖 彰显出亮丽的存在感

栅栏前配置低矮的金叶绣线菊。旁边配以带有同色斑纹的玉簪，突出了空间的统一和景深感。

金叶绣线菊
【*Spiraea japonica*】

落叶　低木　强日照OK

蔷薇科。叶片明黄，树木株型紧凑、具有个性，是一个非常适宜引入家庭的品种。夏天开粉色小花，与叶片颜色相互映衬，十分美丽。

Hint 7

用质感的差异 制造出灵动的前景

修剪成整齐的四方形树篱边，搭配种植了金线花柏，蓬蓬松松的树形非常醒目，同时将人们的视线引到沿墙面攀缘生长的玫瑰身上。

金线日本花柏
【*Chamaecyparis pisifera* 'Filifera Aurea'】

常绿　低木　强日照OK

柏科，也可修剪高度，让树姿变矮，是一种经常被用来做地被植物的针叶树种。不喜夏季闷热，适宜种植在通风良好的地方。

Hint 8

种植在大树的旁边 从庭院各处都能看到

栎叶绣球‘小甜心’，金黄色大叶片是非常醒目的存在。与之形成对比的细长树枝，增强了叶片的存在感，将环境点缀得明亮开朗。

栎叶绣球‘小甜心’
【*Hydrangea quercifolia* 'Little Honey'】

落叶　低木　强日照OK

虎耳草科，树叶类似梧桐，叶片颜色是非常漂亮的柠檬黄。一到秋季叶片变红，愈发美观。6~7月，开白色花朵。

Hint 9

用叶片醒目的大叶树木 提升入口处的存在感

半阴的前庭中，金叶的挪威槭是主角。花坛中种植白花的落新妇（*Astilbe ×arendsii*）等白色花朵，起到互相映衬的作用。

挪威槭
【*Acer platanoides*】

落叶　高木　强日照OK

槭树科。五裂的大叶片十分醒目。栽种的最佳时期与其他落叶类不同，在11月下旬至12月期间。

毛樱桃‘赛亚黄金’
【*Cerasus tomentosa* 'Saya Gold'】

落叶　低木　强日照OK

蔷薇科。树叶具有清凉感，植株呈散开式，可以大面积提亮空间。春季开花，5~6月结果。园艺种赛亚黄金的果实为红色。

Hint 10

栅栏前的小空间用柠檬黄 和绿色点缀得清爽明丽

栅栏前的植栽种植着垂枝毛樱桃。以白色为基调的背景中加以深绿撞色，呈现出一个清爽的空间。

Color 3
蓝色~银色系

种一棵就立刻能使庭院卓尔不凡，蓝色、银色系是一种酷劲十足的颜色，在背阴处特别能显出独特的魅力，朦胧的色泽使庭院更显幽深。

Hint 11
玄关前枝叶秀美的常绿树木保护了主人的私密空间

马路上一眼就能看到的玄关前，种植了一株常绿的橄榄树来遮挡行人的视线。同时配以迷迭香和薰衣草等香草植物。

橄榄树【*olive*】

木樨科。青灰色细叶，是颇具人气的品种。5月前后开乳白色小花，秋季结果。在地中海地区常见栽种。

常绿　高木　强日照OK

Hint 12
利用小叶投射的斑驳光影营造闲适的气氛

细叶植物金合欢的生命力旺盛，看起来似雾似霞，恰到好处地隐藏了背后的建筑物。和淡淡的蓝灰色百叶窗搭配得非常完美。

金合欢【*Mimosa*】

蝶形花科。叶片纤细密集，早春开放美艳的黄色花朵。生长旺盛，有时需要支柱支撑。喜好排水好的土壤。

常绿　高木　强日照OK

Hint 13
独特质感的树叶让空间舒适而丰满

种了蓝冰柏的花坛一角。蓝冰柏在枝梢分成三叉，与旁边的玫瑰和林下小草相连接，具有彼此映衬的效果。

蓝冰柏【*Picea pungens*】

柏科。树木整体像覆盖了一层霜雪般的银蓝色。喜好光照佳，排水好的土壤。需要适时修剪，以保持优美的圆锥形。

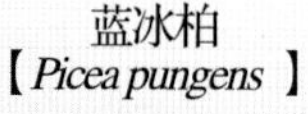

常绿　高木　强日照NG

Hint 14
深棕色外壁上不经意一瞥就能看到叶片反面的光泽

为搭配富有光泽的棕色外壁，选用了叶里是银色的银白杨种植在玄关前。淡紫的小花覆盖树根部，显得气氛优雅。

银白杨【*Populus alba*】

杨柳科。叶片内长有白色的细软绵毛。从外面看绿色叶面上仿佛镶着一道白边，奇妙有趣。白色树皮也很美观。

落叶　高木　强日照OK

Hint 15
低调柔和的蓝色让入口处和谐幽美

大门旁种植了各种针叶树，这种圆锥形的蓝灰色杜松品种，让有限的空间表现出充分的优雅之感。

杜松‘蓝色天堂’【*Juniperus scopulorum* 'Blue Heaven'】

柏科。蓝色系针叶树的代表品种，蓝绿色鳞叶很美丽，树木形状为圆锥形。喜光，在背阴处长势不佳。

常绿　中木　强日照OK

斑纹

带有白色斑纹的树叶，既引人注目，又给人明亮的感觉。背阴的庭院或树木下，种上带斑纹的叶片后，显得十分清爽。

Hint 16
诱惑般的色彩 使人对庭内充满期待

栅栏对面的彩叶杞柳存在感很强，在转角处起到转换空间的作用。

彩叶杞柳【*Salix integra* 'Hakuro Nishiki'】

杞柳科。抽新芽时叶色会按粉色，白色，绿色的顺序逐渐变化。可以接受强日照，但在新芽时期容易被灼伤，需要注意。

落叶

高木

强日照OK

Hint 17
为休憩之地带来清爽的气息

草坪上银姬小蜡投下斑驳的树荫，与白色遮阳伞搭配，让庭院里洋溢着清凉感。

银姬小蜡【*Ligustrum sinense* 'Variegatum'】

木樨科。小蜡带斑纹的品种，小小的叶片富有光泽。萌芽力强，适合修剪成树篱。

常绿

低木

强日照OK

Hint 18
让四周都是围墙的院内水台充满阳光

在水台上投下树荫的是一种白斑加拿大紫荆。枝头带有光泽的树叶，带来通透感和开放感。

白斑加拿大紫荆

蝶形花科。其特征是叶面有大的斑纹。耐寒，耐暑。春季开深桃红色花朵，赏心悦目。

落叶

高木

强日照NG

Hint 19
大量的白色树叶 映衬花朵颜色

主角梣叶槭的周围种植着圆锥绣球和美人蕉。白色的雕塑和门前的银色树叶让庭院富于光影的变化。

梣叶槭【*Acer negundo*】

槭树科。带锯齿的白斑树叶，存在感很强。植株强健，喜欢水分充沛的土壤。移植适宜在11月下旬至12月进行。

落叶

高木

强日照NG

两种树木如何有效搭配

两种叶片颜色不同的树木如果要组合在一起，推荐缩退色系搭配扩张色系，这样可以很好地把控住远近感。

叶槭和黄栌，留以一定的间距后搭配，效果出众。古铜色叶片的黄栌放在较后方，可以进一步拉伸出远近感。

在庭院中引入树木的两个基本步骤

大多树木最终会长得高大壮实，和花草不同，树木的栽种和移植通常被认为十分困难。
那么，我们就着眼于树木栽种移植的两个要点：栽种时机和基本的种植方法。下面我们一起来学习树木的栽种方法。

掌握要领
就不会失败

自己也能掌握的种植方法

树木与其他的植物相比，不但强健且寿命很长。在树木长大的过程中虽然需要定期修剪等必要的养护，但并不是很费时间和精力。树木栽培的最大关键点在于“掌握种植的时机”和“保证栽植作业的品质”。

之所以必须要严守栽植时机，是因为这项作业涉及树木的根系，而树木的根部是整个植物十分关键的部位。

移植时掘土的过程中经常会损伤树木的根系。因此，牵动树木根部的作业基本上要选在树木的休眠期进行。对于没有休眠期的常绿树，其栽植时机和落叶树不同，需要一一确认。

不是移植而是栽种买来的带有土团的树苗，基本上任何季节都可以。只需注意避免破坏根团，谨慎操作即可。

栽植并非单纯地把根团埋进土壤就完事了，而是需要掌握让根部顺利存活的方法。下面，我们一起从最基本的方面了解树木栽培的方法。

STEP 1 掌握栽植、移植的时机

落叶树移植的最佳时期一般在落叶后到抽芽前的休眠期。没有休眠的常绿树则应当避开植株生命力相对下降的夏季和冬季，在较为暖和的春秋季进行。除了移植，在栽种买来的裸根或蘸泥浆运输的苗木时，也必须掌握时机。

落叶树

栽植

●可随时栽植

一般来说一年之中任何季节都可以栽植。但尽量选择树木抽芽的季节，避开植株能量消耗过大的夏季和寒冷的冬季。

移植

● 11 月下旬 至3 月

树木开始落叶就表明它开始进入休眠期。若在抽芽时期进行移植，则需要注意泥土中可能已经有幼根深入，掘土时要仔细。

常绿树

栽植

●可随时栽植

若裸苗已经过根部护理，则除盛夏以外的季节都可栽植。然而，若是抗寒能力较弱的常绿树，则应尽量避免在冬季种植。

移植

● 4~5 月或 9~10 月

在气候适宜的春秋之际进行移植为佳。尤其是像针叶树之类根较细幼，不易移植的树木更应选择秋春或梅雨季节移植。

STEP 2 不会失败的树苗栽植法

在了解了各种树木栽植和移植的最佳时期后，接下来就进入实际栽植。移植树木的时候，首先以树干直径 5 倍左右的长度为半径画一个圈，将这个圈中的土壤和根球掘出。在移植目的地要留出比掘根时更大范围的空间。做过根部处理的树苗有用麻布、麻绳捆绑包扎根系，但麻布或麻绳都会随着时间在土中分解，所以不破坏根团，原样放入土中栽种即可。

1. 树苗入坑

在移植目的地附近挖出比根团稍大的坑，在掘出的土中混入腐叶土。在坑底部放入少量混合泥土后，把树苗放到坑中央。约分 3 次逐步填土覆盖。

向坑里填土的过程中用木棒轻轻敲打，使根与根之间都填入土壤。植物周边的土壤高度要相对比周围土地的高度略低。

2. 盖好土后浇水

盖土完成后，在根团周围如插图所示，构筑成类似堤防一样的结构，在中间充分浇水，并轻轻摇动树木，待土壤吸收水分后，再度浇水。保证根与根之间填满没有遗漏。

在土圈中间浇水，不要浇灌一次就结束。要进行数次充足的灌溉，直到水分满溢到土圈里。为了安全起见，最好放置一根支柱，帮助新栽的树木安稳直立。

串珠大叔的

顶楼花园

时尚而清爽的顶楼夏日花园

关注水生和藤本植物

即将到来的夏日是一个潮湿闷热的季节，同时也是荷花、睡莲、牵牛花、茑萝摆满园艺店的时节。为了迎接炎炎夏日，我们来看看一位时尚的串珠大叔如何在公寓顶楼，利用水生和藤本植物打造出一座清凉的花园吧。

利用儿童游泳池改造而成的大水池

整个花园的基调是白色，洁净的颜色搭配清新的绿叶，养眼润泽。

注重植栽的立体造型创造更加丰富的层次

以白色墙壁为背景，从后方开始先是较高的，接着是中等的，最前方是最矮小的，强调出纵深感。

水面浮雕般美丽的睡莲花朵，花瓣的透明感令人着迷。

纤长的叶片高挑秀气，可以长到 2 米左右的香蒲种在最后方，前面是株高中等的梭鱼草。

大叔 10 年前去泰国旅行时开始喜欢上水生植物，当看到那些漂浮在水池和湖泊中的睡莲和荷花翠绿的叶片，富有透明感的花瓣，一下就被抓住了内心。现在家中的花园在顶楼，最大的观赏场所就是 2 个大水池。那里睡莲、荷花和头顶各种各样的藤本植物在水面画出各种美妙的线条，仿佛进入了一个奇妙的幻想世界。

很难想象睡莲、荷花这一类水生植物竟然会和铁线莲等藤蔓植物搭配得浑然一体，这个诀窍可能在于花园整体的色彩选择十分得体。大概是作为设计师的职业习惯，总觉得白色的底色能让各种图案看得更加清晰，在决定花园的基调颜色时，大叔毫不犹豫地选择了干干净净的纯白色。

花园里最大的观赏场所就是 2 个大水池。因为位于高层公寓的顶楼，既需要防止漏水，又需要保证足够的种植面积，还要看起来美观，为了选择一个合适的水池，大叔真费了不少心思。经过反复斟酌比较，最终选择了树脂质地的儿童游泳池。为了达到适合栽植用的强度，他买来两个游泳池重叠在一起，再涂上专用的防漏涂料。经过周全的基建工作，终于可以开始利用心爱的水生植物来打造花园了。

Profile

串珠大叔

爱旅行、爱串珠，也爱花花草草的一位时尚大叔，职业是刺绣图案设计师。目前的花园是在城市中心的高层公寓顶楼，最喜爱的植物是藤本和水生植物。

来自遥远的泰国 面貌各异的水生植物

大部分水生植物来自泰国，因为荷花的茎上有刺，如果种得太密就会互相伤害叶片，所以用其他植物把它们间隔开来。

所有植物都单株种植，然后把盆子沉到水里。每天早上都要用网子捞出水藻和田螺，每10天施一次液体肥料，大叔的照顾可谓无微不至。

桌上摆放了描画着美丽睡莲的茶杯，充分展示了主人的爱好。

大爱的月季和 水生植物搭配

楼下的阳台上放置的以月季盆花为主。月季花季虽然已经过去，但是水生植物的小盆却给庭院带来水灵灵的凉意。

左／随意漂浮在水面的蓝色花样陶器。中／提高花盆的存在感的铁艺花架。右/个性十足的盆栽都是大叔用来展示的最精彩作品。

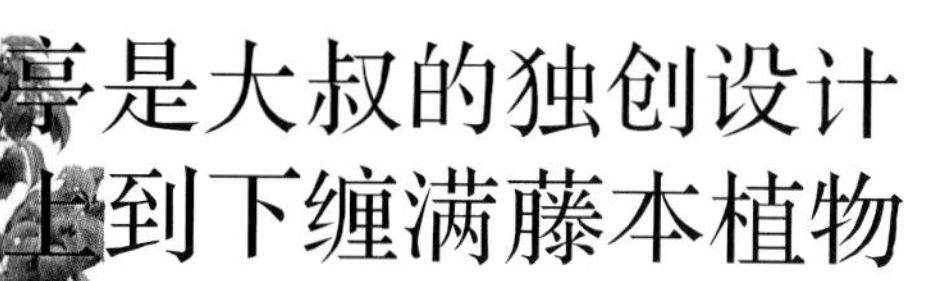

凉亭是大叔的独创设计 从上到下缠满藤本植物

用各种植物尝试 梦想中的绿色花园

希望有一座遮挡强烈日照的绿色花园，目前，主人正在向来自夏威夷的热带植物发起挑战。

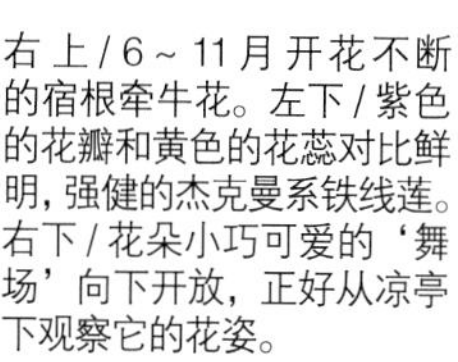

右上 / 6～11月开花不断的宿根牵牛花。左下 / 紫色的花瓣和黄色的花蕊对比鲜明，强健的杰克曼系铁线莲。右下 / 花朵小巧可爱的‘舞场’向下开放，正好从凉亭下观察它的花姿。

花园里特别引人注目的是这座白色的藤架凉亭，和亭子下白色的沙发十分和谐。东南亚风格的白色沙发是一个夏日小憩的好道具，但是如果直接摆放在烈日下，恐怕没人有勇气坐得上去。所以，大叔决定在它头顶搭设一座同样颜色的藤架，让绿色的藤蔓爬满头顶。

凉亭下种植的宿根牵牛花原产热带，比起普通牵牛花有更强的攀爬力，用麻绳编成网格悬挂在凉亭上，它的藤蔓就会慢慢攀爬上去。最初制作网格时格子留得太大，导致藤蔓爬得稀稀落落，添加了绳子的数量后，现在不仅仅是牵牛花，连铁线莲也自动攀附上去了。再过一个多月，生长旺盛的牵牛花会长得更加茂密，那时就可以在清晨或是黄昏时分小坐片刻，一边喝着冰镇茶饮，一边眺望水生植物的花朵，大叔憧憬中的美景终于即将变成现实。

串珠大叔的
Good idea!

让庭院清凉度加分的小道具

悬挂在栅栏上 轻巧的木制花钵

宜家的独特设计，可以用植物装点栅栏，是特别值得推荐的物品。

利用自家收获的蔬菜

花园快乐食谱

在自家的花园里种植香草和蔬菜，最大的快乐就是使用新鲜的收获物做成当季的食品。这次为大家介绍的是近年来倍受瞩目具有高营养价值的欧芹（*Petroselinum crispum*）。

从播种到出苗都很容易栽培的二年生蔬菜。收获期长，采摘后会继续生长，分株后可以露天种植或是种植在花盆里。是非常适合常备在家中的蔬菜。

欧芹篇

这次的主题是……

品尝含有
丰富营养的蔬菜

营养价值

含有丰富的抗氧化作用的胡萝卜素、维生素C等其他矿物质。香味成分中的蒎烯和洋芹醚有着能促进食欲的效果。具有促进消化和预防口臭的作用。

欧芹和火腿制作的咸味蛋糕

材料

18cmx8cmx7cm的方形蛋糕模具1个份

鸡蛋…… 3个
砂糖…… 1勺半（大勺）
盐…… 半勺（小勺）
胡椒…… 少量
橄榄油…… 4勺
牛奶…… 3大勺
低筋面粉…… 165克
泡打粉…… 1小勺
芝士粉…… 3大勺
欧芹的叶片…… 6大勺
火腿…… 50克

制作方法

①将低筋面粉和泡打粉搅拌在一起。 ②将鸡蛋打入碗里，加入砂糖、盐和胡椒，用打蛋器搅拌。 ③加入橄榄油和牛奶。 ④在步骤①中的低筋面粉和泡打粉中加入芝士粉、撕碎的欧芹叶片和切成小块的火腿，用筷子稍微拌匀。 ⑤在纸质烘焙模具里倒入步骤④的材料，根据喜爱撒上芝士粉（不计在材料分量中），在160～170C的烤箱中烘烤约40分钟即可。

大约6大勺的欧芹。在料理中加入欧芹，意外的能被大量吸收。

特别建议

* 步骤④中的搅拌程度，以看不到面粉为宜。切记不要搅拌过头！
* 欧芹的叶片用切碎或撕碎的方法都可以。
* 欧芹叶片的用量和容器的种类，可以根据自己的喜好改变。

更多有用的食谱

最适合便当的欧芹饭团!

制作方法

直径 5cm 的饭团约 8 个份

①在电饭煲中加入精米(2 杯)和适量的水。 ②将洋葱(半个)切丝和橄榄油(1 大勺)、味精(半小勺)、盐(半小勺)、胡椒(少量)和欧芹的茎(适量)加入电饭煲。 ③饭蒸好后,立即添加事先切好的欧芹叶片拌匀。 ④在保鲜膜上放入芝士用手将其捏入饭团的中心。由于冷却后也非常好吃,所以很适合做便当。欧芹的用量和食材,可以根据自己的喜好添加。

如果有剩余的茎……

搭配上香料
制作成香料包

欧芹的茎、百里香的枝叶、香叶的叶片用绳子捆绑的话,就能做成简易的香料包。在鸡骨高汤里放入香料包、盐和胡椒调味,就能做出散发出清香的高汤。

如果有剩余的叶片……

保存在冰箱里
作为佐料活用

将茎叶放入密封的塑料袋后冷冻起来,可以作为常备蔬菜。冰冻后的欧芹可以用手掰成细块,最适合当做佐料。可以在冰箱里保存约 1 个月。

有着葱绿的叶片和清爽香味 营养满分的香味蔬菜

欧芹的香气非常浓烈,葱绿的叶片被“咚咚”地切碎后也能闻到香味。每次闻到这样的香味,都令人不禁想起小时候吃的外卖便当。

有着怀旧香味的欧芹,无论切碎、撕碎或是捣碎扔进料理中,都是让人食指大动的美味秘诀。除了增添香气之外,欧芹的香味还具有增加食欲的作用。

自己在家栽培欧芹十分容易,在超市买到的也同样有丰富的营养价值。最近,市面上还出现了叶片扁平的意大利洋芹,这让欧芹料理爱好者们又多了一种选择。

在阳台上栽上几株既美观又富于营养的欧芹吧,它不仅在花盆里是一道美景,在厨房里也是我们的好伙伴!

意识到的时候，
已经到处都是
盆、盆、盆……

大家是怎么做的呢？

收纳整理不断

把优雅的古典式花盆摆放在最前方提升角落的品味

最前排一定要严格挑选样式优美、品质良好的花盆，因为它兼具装点气氛的功能，担负着提升空间格调的重任。

利用挡土的木制围栏遮挡住塑料花盆

在花坛的边缘设置装饰性的围栏，再添上一个小松鼠雕塑，打造出富有故事感的场景。

从侧面看过去的样子。巧妙利用台座，制造出高度差，以此表现出立体感；同时尽量让枝叶繁茂，这样从上往下看时，就不会觉得花盆难看了。

尽情观赏最爱的玫瑰营造优雅的前院花园

在玄关和步道边界竖立了古典风韵的栅栏，上面轻巧地缠绕着铁线莲和月季的枝条，打造出一个韵味十足的入口。开花季节，花朵们会深深吸引住过路人的目光。

主人最爱的花卉是蔷薇属的月季和玫瑰，但是，铺装过的玄关前方已经没有地植这些植物的空间。现在，她把数量急剧增多的花盆整齐地排列到栅栏底下，建造成一个小小的花境。

以缠绕在栅栏上的垂吊植物作背景，把株型较矮的植物放到前面，越往花境内侧，高度渐渐升高。然后把装饰性的花盆放到最前面，作为观赏的重点，另一方面，不想被看到的花盆则用砖块等遮挡起来。通过这些细微的布置，为月季们堆砌出一个美观而引人注目的舞台。

增加的花盆

明明没有地方，还是冲动地买盆花回家，到家后发现其与环境不合，没法下地栽植而不得不盆栽……不知从何时起，在为不断增加的花盆感到困扰了吗？本文为你介绍通过巧妙整理，让花盆看起来干净整洁的若干小窍门。

个性十足的植物光彩夺目
充满现代感的彩叶花园

这户人家的前院有一个独具个性的小花园，它把现代风格的建筑与形态各异的植物融合在一起。蓝花楹（*Jacaranda*）的纤细针叶清爽地装饰着入门处，特别值得关注的是放置在树下的彩叶植物。矾根、铜叶三叶草、观赏芋……这些虽然都是单株种植的盆栽，但是看起来就像是地植的花草一般。

“单株种植在花盆里管理更加轻松。盆栽还能移动，十分称心。”女主人这么说。事实上，放置花盆的房屋四周都是水表等不美观的东西，通过盆栽的植物将空间连接起来，起到了很好的遮挡效果。在有限的空间里，考虑到省时省力，这种简洁端庄的美感是再合适不过了。

将富于现代感的对讲机和花坛巧妙地协调在一起

为了让左侧的花坛和对讲机有机地连接在一起，在对讲机下方堆放了数个花盆。把装饰性的铜叶美人蕉放到里面，而把矾根及头花蓼等轻柔蔓延的植物布置到前方。右边的照片是从侧面看过去的景色。

树木、草花、多肉植物混搭的独一无二的绿色小岛

为了维持与对讲机台的协调，用组合盆栽堆成一个花岛。红山楸梅（*Aronia arbutifolia*）、金钱草（*Lysimachia nummularia*）、多肉植物‘黑法师’等，这些原本难以地栽的品种，因为种在花盆里，可以轻松管理了。

值得参考的

整理达人们的庭院设计妙法集锦

让盆栽完美地融入地植
用盆栽摆设出一个个漂亮的角落
集思广益的好创意层出不穷

汇集了成套的素烧花盆做成如同花坛一般的小岛

放置在混凝土铺装上的组合盆栽群落。越往内植物越高，就像是真正的花坛一般。色彩鲜艳的花色进入眼帘后，视线立刻被植物的花和叶所吸引，对花盆的印象也得以加深。

覆盖住树木的根部增添自然的氛围

日本四照花（*Benthamidia japonica*）的植株四周用盆栽覆盖，如同在树下自然丛生般融入庭院景致。绿叶的分量感造就出一片充满野趣的风貌。

台阶的一侧用不同的盆栽去一一点缀

通往庭院的入门处的台阶一侧，有节奏地摆放了造型各异的花盆和绿植。盆栽的绿意就像是踏上台阶似地传达着清新的观感，邀请到访者一步一步走入庭院。

排列在窗边的花盆为室内带来无穷妙趣

为了从室内也能赏花，用砖块堆砌成台座。利用了良好的采光条件，把窗边点缀得清新可人。

同庭院融为一体
立体感十足的
小小焦点

放置在庭院的基础设施之上，装饰性的花盆像一个个小亮点般分散在各个角落，发挥出只靠花坛无法营造出来的立体感。

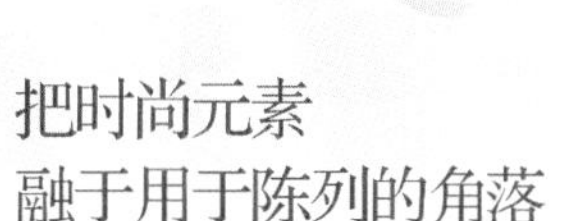

把时尚元素
融于用于陈列的角落

堆满花盆的单调架子上，放上一个小小的绿色盆栽，变成洋溢着野趣的天然亮点。

把盆栽的台座安设在墙面上
为入口处带来华丽感

在玄关的入口处安设自制的台座。高度正好可以欣赏到向下开放的圣诞玫瑰，彻底抹去了绿植单调的季节印象，变得光彩照人起来。

四季花朵
开放不绝的花园

铺设了红砖的园路两侧草花生长繁茂，其实不过是由交错摆放的盆栽组成的容器花园。种植了月季、毛地黄的花盆配合季节进行更换，不断开放的花朵让这里成为了一个热闹繁盛的场所。

"这是忍藓对吧？"我盯着乍一看很难判断出是什么品种的苔藓问道。在录制节目途中，每当看到不同的苔藓，我都要问上两句。

喜剧演员的
苔藓人生

我是一个喜剧演员，也是一个苔藓爱好者，
自从喜欢上苔藓，我奇妙的苔藓人生就开始了。

当我头一次通过杂志知道“苔玉”的存在时，真的受到了很大震动。我真的没想到苔藓原来是如此美丽的植物。苔玉实际上很难伺候，它储存水分的能力很强，但水分过多的话会腐烂，过少又会干巴巴的不好看，这个度真的太难把握了。

苔藓与其他的园艺植物不同，尤其是在历经风雨的斯巴达式培育方法下也能顽强生存，这一点极富魅力。同时它的样子又不是太过扎眼，放在哪里都不会喧宾夺主。无论住家的是什么风格，它都能和整体布局相得益彰。

「我瞬间就被苔藓征服了。当时就想要把它当成一生的爱好来经营。」

从被苔藓征服的那天起已经过去了整整两年……

每次跟剧组到各地拍摄，只要看到路边的苔藓，瞬间便会脱口而出：“啊，是苔藓！大概是砂藓吧？还是……”要说到我与苔藓的邂逅，就要追溯到大约10年前了。有一天，我在商务旅馆里翻看休息室里的家庭杂志，翻开的那一页刚好刊载着关于苔玉的报道。虽然当时还未萌生出“把玩苔藓”的想法，但杂志上那美轮美奂的照片，确实是让我有了“真想尝试一下”的想法。

此后，到实际开始栽培苔藓，其实还要几年时间。

其实现在想找同好也很费劲，当时自己身边更是完全找不到栽培苔藓的人，连究竟该请教谁都完全没有头绪……然后又过了2年左右吧，又一次因为工作出差，住的旅馆刚好以苔藓做装饰，我边称赞“真美啊”，边跟旅馆的工作人员搭了话，对方亲切地对我说，“那你就捧一盆走吧。”就这样，我正式成为了一个“育藓人”。

「开始时一直都是自己在未知中摸索，
但也正因为有这些经历，
才让我了解到苔藓惊人的生命力。」

它们群聚而生，这种好像地毯一样的蓬松感，正是苔藓的魅力所在。

在经历了不断的失败后
总算能见证苔藓的生长了

对于曾经打算培育苔藓，并终于有幸加入"育藓人"行列的我来说，最让人头痛的，就是自己外出时该如何照顾苔藓的问题。当时听到的说法是"苔藓这玩意很好养的，只要给它浇够水就行了"，但最开始捧回来的苔藓还是在3个月后枯死了。这之后，我去外地拍节目时挖回来的苔藓，也都活不到半年就又枯死了，然后就是再挖回家、再枯死的循环……这个状态足足持续了1年半之久。

要出差的时候，我会把花盆摆在厨房的水槽边，然后把菜板斜放在水龙头的下面，再打开水龙头放出很细很细的水流，碰触到案板变成水雾，我用这个简单的小装置代替自己持续不断地为苔藓提供雾状的水分。

我的这个做法看似聪明，其实是完全错误的。我光顾虑到了苔藓所需要的湿度，却忽视了对植物的生存来说最为基本的光合作用。一直把它们放在阴暗的厨房的话，当然会枯死了。后来在参加爱好者聚会的时候，一位培育苔藓的专家指出了我的这个问题，但当时已经有相当于足足一间屋子那么多的苔藓枯死在我的手里了。

当然，经历了众多的失败后，如今的我已经能轻车熟路地培育苔藓了。

就算一直盯着苔藓也不会觉得腻味。它们就如同有着无限延展性的小小宇宙一样。虽然生长得非常缓慢，但只要给它们水分它们就一定会做出反应，而在你回过神来的时候，它们就已经长得很茂盛了。苔藓就是这种会让人想要主动去发现它正在静悄悄生长的植物。我在与人交往时也比较喜欢这种慎独的类型。

说到我的梦想，就是在将来的某一天把现在放置在阳台一角的苔藓们转移到专用的储物架，然后让自己心爱的苔藓占据整个阳台。

我的妈妈和奶奶也很喜欢花草，在老家培育着三色堇、大丽花、凤仙花等多种花草。这种家庭环境，也就是导致我长大后容易对植物感兴趣的原因吧。虽然现在只是在阳台上苦心经营，但真希望将来有一天能在庭院里培育花草！

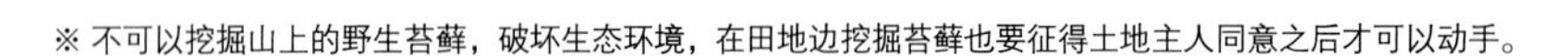

※ 不可以挖掘山上的野生苔藓，破坏生态环境，在田地边挖掘苔藓也要征得土地主人同意之后才可以动手。

我的苔藓日记

砂藓

砂藓就相当于我的初恋情人，就像永恒不变的纯爱一样。左边是我已经养了6年的砂藓。在神不知鬼不觉间偷偷长到花盆外边来的强者。目前在所有苔藓中我最喜欢养的就是这个种类。

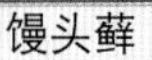

馒头藓

这个小家伙也是我在出差时捧回来的。有着可爱属性的馒头藓，对我而言就相当于是苔藓界的“小甜甜布兰妮”。

摆放在阳台上的苔藓们，会被我轮流捧进房间里赏玩。在屋里放上2~3天之后，再捧到阳台上放个2~3天，周而复始。

人家经常说：“苔藓就算看上去已经枯死也会再次起死回生。”但就算过了1年、2年之后也仍旧是这幅德行……

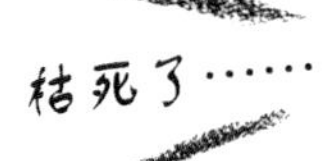

刚开始养苔藓的时候，没能在网上得到关于栽培入门的指点，只有书本才是我唯一的老师。

After

天棚上挂着野生兰花和空气凤梨，桌子上摆着各种苔藓，笼罩在昏暗灯光下的园艺店“苔丸”工作室，俨然是一个静谧的幻想空间。

种植孤独同时又不失坚强的苔藓，现在已经成了我生活中完全放不下的事情。

怀揣着“在苔藓栽培上再进一步！”的想法，我在“苔丸”尝试着挑战了一次在石头上培育苔藓的藓石。

如今我不仅在自己家中养苔藓，还来到了以苔藓为契机得以认识的苔玉工作室“苔丸”，真心希望能借这个机会接触到更接近苔藓自然生长条件的藓石。我本来是怀揣着让自己更加贴近自然的愿望，才会被苔藓的魅力所倾倒的。苔藓是一种最早在有土壤的地方生长出来的植物，死气沉沉的火山灰上，只要苔藓开始繁茂，那里就一定会长出花草树木来，而花草树木在结束自己的生命后，又会重新回到苔藓的怀抱之中。对于苔藓这种神秘而又强大的生命力，我感到一种类似崇拜般的情感。

我经常要外出参加节目录制，可能一周连一天都休息不上，为什么能在百忙之中始终坚持着培育苔藓呢？有时想想这个问题，自己也觉得不可思议。回想起从 8 年前开始接触苔藓的时候，那时刚好得了一个电视表演奖，开始在电视节目上露面。但是讲的段子还是经常会

在“苔丸”店主的指导下，我第一次对藓石发起挑战，我想借这个难得的机会，让苔藓住进更棒的新家。

这个作品名为“我们代替蜜蜂住在这里”。藓石是一门很深奥的技艺，我想它会成为我将来的主要课题。

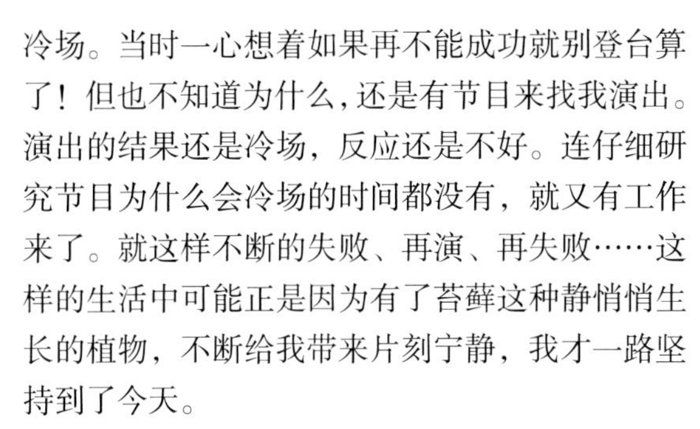

冷场。当时一心想着如果再不能成功就别登台算了！但也不知道为什么，还是有节目来找我演出。演出的结果还是冷场，反应还是不好。连仔细研究节目为什么会冷场的时间都没有，就又有工作来了。就这样不断的失败、再演、再失败……这样的生活中可能正是因为有了苔藓这种静悄悄生长的植物，不断给我带来片刻宁静，我才一路坚持到了今天。

所以说，苔藓已经成为我的生活中不可或缺的一部分了。

花草和我的天敌

与害虫&杂草正面对抗，大获全胜！

万物生长繁茂的春季。在受害情况变得严重之前，采取措施！

冬季里默默蛰伏的虫子及杂草，随着温度上升，也变得活跃了起来。滋生了什么种类的虫子及杂草，该采取怎样的对策才好呢？让我们来事先确认下吧。

害虫篇

气温变得暖和的话，植物开始努力地冒出新芽，虫子们也最喜欢这种柔软又鲜嫩的叶片。在这一时期，我们常常为各种各样的虫子伤脑筋。在叶片被吃光这样的大灾害发生之前，采取预防措施是很重要的。

害虫滋生月历

按月份汇总了需要注意的会滋生的害虫，以及植物会受到的损害。害虫并不只会在某个月份出现，如果放任不管的话，数月时间里都会持续为害，因此必须尽早采取对策。

滋生显著的虫子们

3月

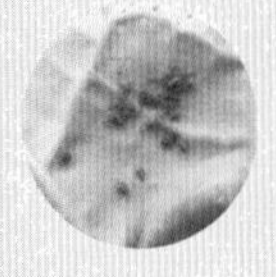

蚜虫

聚集在新长的柔嫩的叶片及茎部上，用口针刺穿，然后吸食汁液。植物生长情况变差，美观也会受到损坏，甚至还会传播滤过性病毒物引起其他疾病。

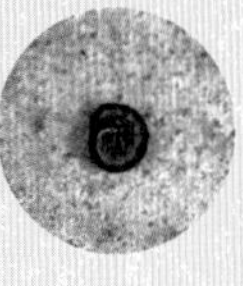

土蚕

夜盗虫、斜纹夜蛾及红棕灰夜蛾的幼虫。夜间活动，对叶片造成严重的危害。白天会躲藏在地里等地方。

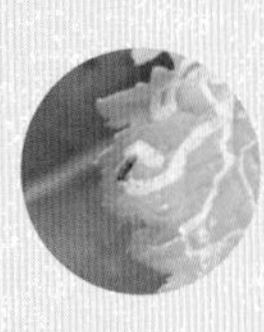

潜叶蝇

经常潜入叶肉内啃食，给植物造成很大伤害。

5月

介壳虫类

附着在植物的叶片及茎部上，吸食汁液。因成虫覆盖着一层蜡，药剂较难起效。分泌物还会传播黑褐病。

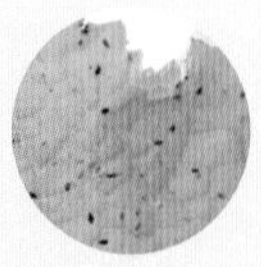

红蜘蛛类

红蜘蛛、粉虱类都是会附着在叶片的内侧，吸食汁液的害虫。大爆发的话，所有叶片都会变成黄色。但是这类害虫怕水，喷水就可溺死它们。

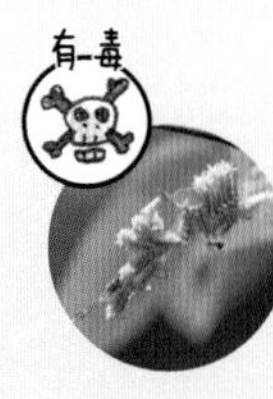

黄刺蛾（幼虫）

黄绿色、背面有毒刺的幼虫，对各种各样的树木叶片都会造成危害。碰触到的话，会感觉到触电一般的痛感，需要多加注意。

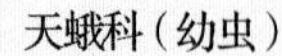

天蛾科（幼虫）

幼虫5~8cm，身子很大，容易发现。尾端有角状突起物。以吃光所有叶片的势头造成严重虫害。

舞毒蛾（幼虫）

年幼的幼虫会用丝垂吊下来，随着风散开来。变成成熟幼虫的话，会长大到5~7cm，大肆吞噬各种树木叶片。

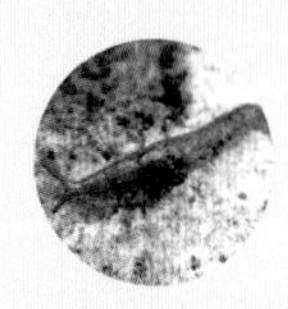

蛞蝓

对草花的新芽及小苗、蔬菜及果实等造成危害，也会损坏花朵的美观。有时也会成为寄生虫等的宿主，因此用手碰触到的话，要洗手。

67月

※ 天牛幼虫所在的穴

天牛（幼虫）

俗称"天牛幼虫"。对树干及枝干的中间造成危害，甚至还会导致树木本身枯萎。大多隐藏在树根部位，可以看到木屑状的粪便。

玫瑰象鼻虫

拥有如同大象的鼻子般的口吻，2~3cm长的黑色虫子。以口吻刺穿玫瑰的新芽和花蕾等，吸食树液。被吸食的尖端会枯萎。

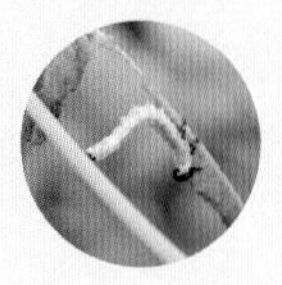

叶蜂科（幼虫）

种类繁多，形态、习性、滋生的时期都各不相同，不论哪类都是青虫状的幼虫，会快速吞噬叶片。从春季至秋季，滋生期较长。

抑制害虫滋生的三大诀窍（预防）

如果稍微留心就能大幅减少虫害。为了不到大爆发后才惊慌失措，日常的悉心注意和管理非常重要。

多加扫除

阳台上堆积的土壤、沙子及枯叶里，常躲藏着红蜘蛛等害虫，需要通过定期的清扫将其消除。墙壁及地板的坑洼处、缝隙也会成为害虫的温床，因此最好是用水大力冲洗干净。

经常对叶片喷水

红蜘蛛讨厌湿度大的环境，在连续放晴及降雨少的时候，最好经常对叶片喷水，以冲洗掉红蜘蛛及介壳虫的幼虫。对树皮则要把水管调到喷淋或喷射模式，通过强劲的水流将虫子冲跑。

撒放药剂

在虫子滋生之前，喷洒药效短暂的药剂或杀虫剂是没有效果的。最好选择强调预防效果的长效性类型。重点是要依照说明书正确使用。

抑制害虫繁殖的两大诀窍（消灭）

认真观察，及早发现害虫，可防止虫害的扩大。害虫长大后，危害的速度也会提升，一旦变成成虫，还会产卵，贻害无穷。

Point1

早日发现，一网打尽

蔷薇叶蜂、茶黄毒蛾、刺蛾等，喜欢把卵集中到一个地方，孵化了的幼虫暂时聚集在一起。在这一时期发现的话，消灭起来相对容易，随着长大，虫子就会分散到各处，捕杀也会变得麻烦，因此需要趁早处理。

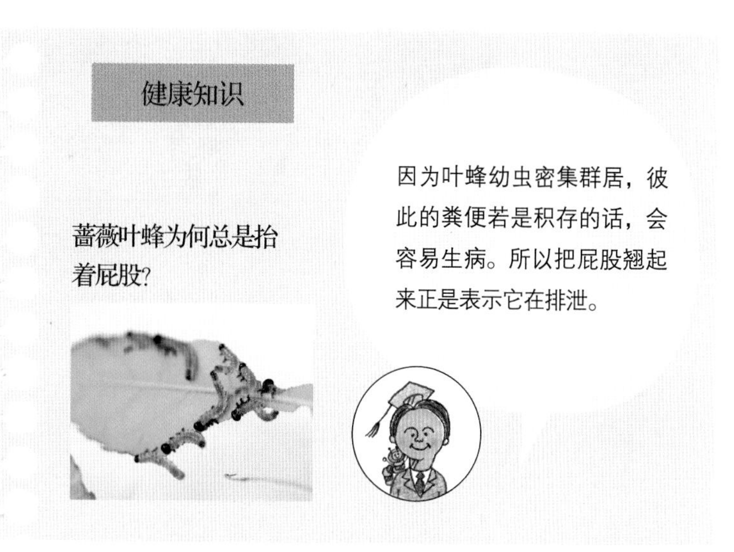

Point2

借由不同作用的药剂发起猛烈攻击

连续使用同样的药剂，虫子就会对这一药物产生抗药性，药剂会变得越来越没效果。为了防止这种情况，更好的是组合使用2种以上的药品，但有些药品名称不同，成分却完全一样，这时组合就毫无意义了。正确的案例是，将侵蚀神经的化学药品和能造成物理性窒息的药品进行组合，交替使用效果最佳。

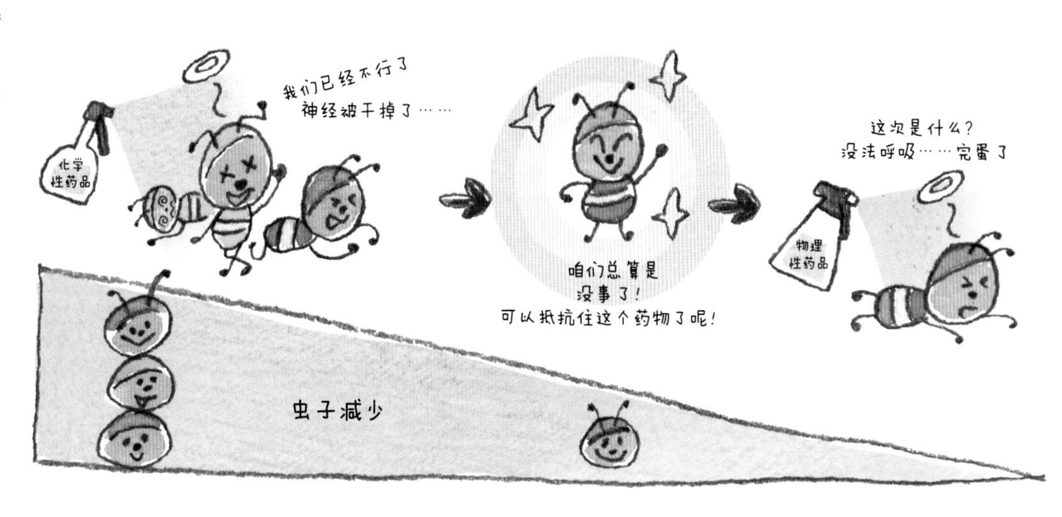

杂草篇

这个季节，杂草们急速生长。特别是雨后，转眼之间就长大了，一不小心就会蔓延开来。甚至还会变成害虫的巢穴。

杂草的繁殖方法

杂草的繁殖力非常旺盛。发芽率高的种子随风吹散，一下子在四周蔓延，繁殖方法各种各样。了解这一习性，从而有效地去防治吧。

Type A

通过匍匐枝扩散

像是贴着地面一般伸展根茎，让地下茎遍布四周，扩大阵地。大多是较为低矮的杂草。一点不留地根除十分不易。

问荆
（*Equisetum arvense* L.）

鱼腥草
（*Houttuynia cordata*）

对付方法

耐心地除掉地上部，不要让它们进行光合作用，根茎就会虚弱。若有地方可将土壤翻到地面上的话，那么借着翻土把地下茎挖掘干净最为有效。

Type B

吹散种子

有把开花结下的种子弹飞到四周繁殖的，也有迎着风飞散繁殖的，更有如蔓生酸浆草（*Oxalis corniculata*）般通过地下茎和种子同时进行繁殖的。

车前草
（*Plantago asiatica* L.）

蔓生酸浆草
（*Oxalis corniculata*）

对付方法

开花之前就拔掉是最好的办法。等到种子飞扬之后，就太迟了。当种子还附着于植株之上时，拔除的时候也要多加注意，避免种子飞散开来。

Type C

植株变大

植株一边变大一边扩大阵地的类型。植株变大，根部也会变大，往地下深处蔓延开来。大多是即便是种子也能繁殖的品种。

蓬草
（*Artemisia indica* var. *maximowiczii*）

早熟禾
（*Poa annua* L.）

对付方法

植株长大后拔除也会变得麻烦，因此趁还小的时候就要拔掉。无法整株拔掉的情况，可反复把地上部砍掉，抑制光合作用，让其衰弱后再击退。

兼备预防杂草

美丽的地表设计

如果不想再费心清除杂草，减少裸露的土壤表层是最简单的办法。用砖块及石头等建筑材料覆盖最有效。不要给杂草留出钻进去的余地，覆盖力强的地被植物巧妙地进行组合搭配也可预防杂草滋生，甚至创造出绝佳的场景。

全面铺上了方块石的风味十足的园路。搭配植物，变身为朴素迷人的场景。

在不同场所见到的各种杂草

明亮 · 潮湿

莎草
（*Cyperus microiria*）
莎草科
繁殖类型：B・C

小野芝麻
(*Lamium purpureum* L.)
唇形科
繁殖类型：A・B

圆齿碎米荠
（*Cardamine scutata* Thunb.）
十字花科
繁殖类型：B

繁缕
（*Stellaria media*）
石竹科
繁殖类型：A

阴暗 · 潮湿

红盖鳞毛蕨
(*Dryopteris erythrosora*)
三叉蕨科
繁殖类型：C

地钱
（*Marchantia polymorpha* L.）
地钱门
繁殖类型：C

鸭跖草
（*Commelina communis* L.）
鸭跖草科
繁殖类型：A

鱼腥草
（*Houttuynia cordata* Thunb.）
三白草科
繁殖类型：A

明亮 · 干燥

禾本科类
（*Gramineae*）
禾本科
繁殖类型：A・B・C

车前草类
（*Plantago asiatica*）
车前草科
繁殖类型：A・C

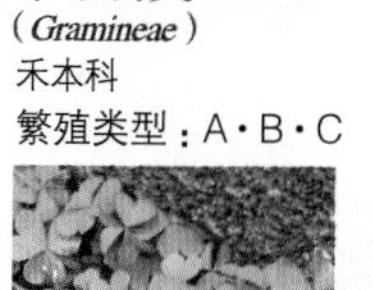

酢浆草
（*Oxalis corniculata* L.）
酢浆草科
繁殖类型：A・B

北美刺龙葵
(*Solanum carolinense*)
茄科
繁殖类型：A・C

阴暗 · 干燥

※ 阴暗而干燥的场所是不毛之地，
几乎没有能够在此生长的杂草。

不用拔掉，可以 开出可爱花朵的杂草们

即便是杂草，也有许多品种会开出观赏价值高的花朵。如果不会影响庭院的栽植，那就这样任其生存，好好享受自然的风趣吧。

紫花地丁
（*Viola yedoensis*）
堇菜科

生长在光照好的场所的紫色堇菜科小花。植株高度7~10cm。通过让风吹走种子繁殖。

庭菖蒲
（*Sisyrinchium rosulatum*）
鸢尾科

剑状叶片，会开出浅红紫色的花朵。根系以垫子状横向扩散。植株高度10~25cm。

匍茎通泉草
（*Mazus miquelii*）
玄参科

花色是淡紫色、白色、粉红色。匍匐性，可以作为向阳处的地被植物。植株高度3~8cm。

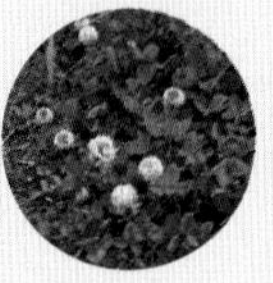

白三叶草
（*Trifolium repens*）
豆科

通称幸运草(clover)。绽放圆形的白花。若有光照的话，就可繁茂生长，变成地被植物。

除草的时机十分关键

不论是哪种类型的杂草，在长得过大之前拔除是最为基本的。但是过小的话，也难以操作，因此长到轻易就能一撮抓起程度的尺寸就是“拔除的时机”。土壤变得柔软的雨后，也比较容易拔除杂草。杂草面积扩散到无计可施时，只能求救于除草剂了。

除草铲的刀刃锐利的话，更能高效地除草，因此最好时不时磨下。

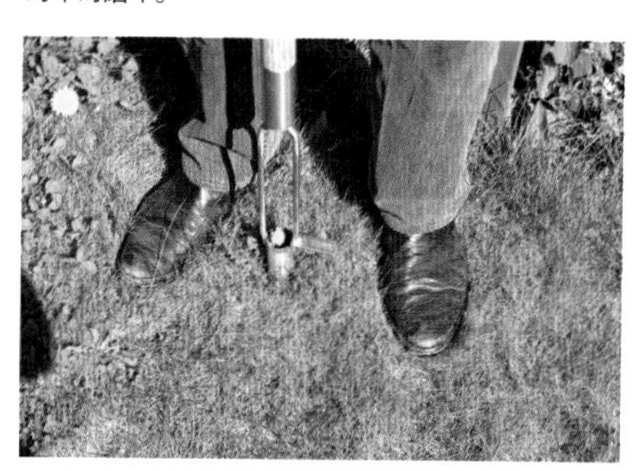

如蒲公英这种根部深扎的杂草，使用用于栽种球根植物的工具等来清除的话，就能轻易拔除。

Botanical Garden Guide

全国各地 著名植物园大收罗（一）

北京植物园

北京

北京西郊香山脚下的植物园，常年举办桃花节、牡丹节、郁金香展等主题活动，除了各种常规花展，玉簪园、丁香园等专类园区也非常有特色，特别是丁香园已收集了20余种1000余株丁香，有白丁香、紫丁香、蓝丁香、小叶丁香、佛手丁香等。而玉簪生长的阴地花园里，蜿蜒穿行的小路将不同品种的玉簪自然分隔，可以将各种玉簪美好的叶色一览无遗。另外，北植的秋色也深具盛名，每到10月红叶季节，与其到香山顶上和嘈杂的人群拥挤，不如在山脚下的北植里静静欣赏枫树、黄栌、银杏七彩缤纷的秋叶。

最佳访问季节：春季5~6月，秋季9~10月
必看植物：丁香、牡丹、玉簪、球根、红叶

☎ 010-82598771
住 北京香山卧佛寺
交 乘331、563、696、运通112路北京植物园南门站或卧佛寺站下车
价 10元
网 http://www.beijingbg.com/

成都植物园

成都

由一个旧林场改造成的植物园，位于成都北郊，茂密的树木和起伏的园景别具特色。樱花和桃花开放的季节游人如织，访问时最好避开休息日。入口处有一个幽静的珍稀植物园，栽培有桫椤、珙桐、木兰、金花茶、水松等国家保护级植物，是学习植物知识的好去处。园中还有一个正在建设中的中英合作花园，有着美妙的水景和杜鹃、毛地黄盛开的花亭，非常值得期待。

最佳访问季节：春季3~5月，秋季9月
必看植物：桃花、木兰、桫椤、各种蕨类，以及成都的市花木芙蓉

☎ 028-83583439
住 成都市北郊天回镇
交 25路公交终点站
价 10元
网 http://www.cdzwy.com/

厦门园林植物园

厦门

俗称“万石植物园”，位于厦门岛东南隅的万石山中，始建于1960年，是福建省第一个植物园。全园乔灌木约180万株，占地493公顷，其中植物园区面积2.27公顷，草坪面积1.5公顷，绿地面积213.6公顷。园内依次安排了松杉园、玫瑰园、棕榈园、荫棚、引种植物区、药用植物园、大型仙人掌园、百花厅、兰花圃等20多个专类园和种植区，栽培了3000多种热带、亚热带植物。

最佳访问季节：秋季8~9月
必看植物：我国首次引种的香子兰、新西兰麻，世界三大观赏树——中国金钱松、日本金松、南洋杉，具备相对优势的植物种类为棕榈科植物、仙人掌科和多肉（多浆）植物、苏铁科植物和藤本植物等

☎ 0592-2024785
住 厦门市思明区虎园路25号
交 乘87、57路公交车，植物园站下车；乘3路、18路、19路、21路、809路公交车，一中站下车步行300米。
价 40元
网 http://www.xiamenbg.com/default.aspx

南京中山植物园

南京

位于南京钟山景区内，前身是建立于1929年的“中山先生纪念植物园”，它也是中国第一座国立植物园。收集了众多华东地区本土植物和珍稀植物，有被誉为植物大熊猫的珙桐和濒危植物银缕梅、秤锤树等。占地2公顷的禾草园是国内仅有的以禾本科植物为专题的园区，喜欢观赏草的花友一定不能错过这里。

最佳访问季节：春季4~5月，秋季9~10月
必看植物：珙桐、各种观赏草、桂花、秤锤树

- ☎ 025-84347036
- 住 南京市玄武区前湖后村1号
- 交 游3、20路、315路南京中山植物园站下车
- 价 15元
- 网 http://www.cnbg.net/

上海辰山植物园

上海

2010年新开放的植物园，整个园区设计充满时代感。有非常独特的矿坑花园、旱生花园、岩生花园和月季小岛。藤本植物区的铁线莲和忍冬藤架十分壮观，大温室里经常举行国际性的兰花展。植物园还有一个原生态的小山可以攀爬，每到秋分前后，山上会开满鲜红的野生石蒜。

最佳访问季节：春季4~5月，秋季9~10月
必看植物：月季、草花、忍冬、芍药、药用植物、野生石蒜

- ☎ 021-37792288-800
- 住 上海市松江区辰花路3888号
- 交 地铁9号线洞泾站换乘松江19路、19路区间可至1号门
- 价 60元
- 网 http://www.csnbgsh.cn

杭州植物园

杭州

最佳访问季节：早春2~4月，秋季8~9月
必看植物：梅花、腊梅、桂花、盆景、石蒜（彼岸花）

位于杭州西湖边的植物园，杭植里最著名的是灵峰山下的梅花专类园，占地面积12.5公顷，种有5000多株梅树，朵朵梅花掩映在亭台楼阁间，是最适合冬日里赏花的景点。杭州植物园还收集了各种品种的石蒜，每年8月中旬，满园黄、白、粉、红色石蒜花开，充满了梦幻般的色彩。

- ☎ 019-6926001
- 住 杭州西湖区桃源岭1号
- 交 Y1、Y6等各路经过玉泉站的公交车
- 价 10元
- 网 http://www.hzbg.cn/

哈尔滨 长春 沈阳 呼和浩特 北京 天津 石家庄 太原 济南 郑州 上海 合肥 南京 武汉 杭州 南昌 长沙 福州 台北 南宁 广州 香港 澳门 海口

武汉植物园

武汉

位于武汉东湖磨山脚下，冬季的梅花，春季的郁金香、牡丹和夏季的荷花展都非常值得一看。武汉植物园中有中科院水生植物研究所，是世界最大的水生植物资源圃。每逢夏日，各种颜色大小的荷花、睡莲满园盛开，清新怡人。特别是蓝色和紫色系的热带睡莲神秘而独特，令人大开眼界。

最佳访问季节：夏季7~8月，冬季2~3月
必看植物：梅花、郁金香、荷花、睡莲、热带睡莲、猕猴桃

- ☎ 027-87510126
- 住 武汉市洪山区鲁磨路特1号
- 交 401和402路公交车到植物园站
- 价 40元
- 网 http://www.whiob.ac.cn/

盆栽草花&阳台花卉

●春季是盆栽草花和阳台草花灿烂开放的季节，在欣赏它们的多彩花朵之余，不要忘了春季也是播种的好季节。大多数一二年生草花的播种可以分为春播和秋播，秋播适合春季开花的草花，春播适合夏秋开花的草花。事实上，在长江流域及以南，大部分草花更适宜秋播，例如三色堇、虞美人、紫罗兰等；而适合春播的植物则是可以从春末到整个夏天以至初秋都开花不断的，例如牵牛花、波斯菊、太阳花。而在北方，大部分秋播的花卉植物可以在1月底到2月初的早春播种，而夏天开花的植物，则可以在4月前后播种。

●春季里还有个重要工作是要对那些早春里对阳台做出大贡献的球根们来个大清理。首先，我们要丢弃不需要留种球的球根——园艺郁金香、风信子、番红花等。因为在家庭里栽培它们，第二年通常不会开花或开花很小，而且这些品种价格不高，可经常更换。而园艺洋水仙、葡萄风信子、原生郁金香这一类球根可以在第二年继续开花，要尽早地把凋谢的花瓣摘掉。同时一定要把种荚摘掉，这样才能让土面下新生的球根得到充足的养分。开花之后到休眠之前需要高钾肥来帮助新球根的形成和长大。从花后到休眠，球根还会继续生长1～2个月时间。

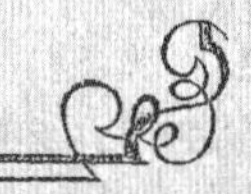

三色堇、角堇

春季是三色堇和角堇开花的好季节，每周喷洒开花期用的液体肥料，及时剪掉残花。

鼠尾草

去年秋天播种的温带鼠尾草正在生长中，及时采摘叶片食用。宿根热带品种则可以分株和移植。

牵牛花

牵牛花在5月1日前后播种。种子浸泡一晚再播，发芽会较快。

瓜叶菊

瓜叶菊虽然看起来很灿烂，但是花期已经进入尾声，这个季节就不要再购买成品花了。

毛地黄

部分城市花市里有成品毛地黄花卉出售。它的个头较高，如果春季风大，最好设置一根竹竿支撑，以免倒伏。

虞美人

花期在5月结束。因为市面上的种子多数是混色品种，如果选择自己喜欢的花色收取种子留待秋播，来年就可以欣赏到特定的颜色了。

南非菊

在封闭阳台或室内是盛花期，及时补充速效性液肥。如果拿到户外，生长会放缓。

石竹、康乃馨

新芽初发的石竹非常娇嫩，注意换盆分株时不要伤害到它。

风铃草（多年生）

风铃草即将开花，在花后沿着花盆边会有走茎生出，可以剪下来繁殖。

蝴蝶兰

花蕾开始长大时应停止施肥，花后剪去花茎，每周施加一次稀薄的液肥，夏季适当遮阴，放置于通风处。

矮牵牛

可以在早春的室内播种，小苗长出后及时打顶，促进分枝。

春兰

花后应剪去花茎，适当施加稀薄的液肥，夏季应放在明亮通风处。

天竺葵

冬天放在室内温暖的窗旁，天竺葵可以一直开花。这时可以剪下枝条扦插繁殖，更新植株。

玛格丽特菊

在花市有很多丰满的盆花出售，可以选择喜欢的颜色带回家。

大丽花

大丽花怕冷，需要挖出球根收入室内的小花盆或泥炭土里储存。

波斯菊

5 月后播种，特别容易生发蚜虫，注意喷洒杀虫剂。

耧斗菜

上一年春末播种的耧斗菜小苗可以移入花园或最终的花盆。

微型月季

微型月季如果放在室内可以开花，补充液体肥料，并注意通风，以免发生病虫害。

春季管理速查表

树木&庭院花卉

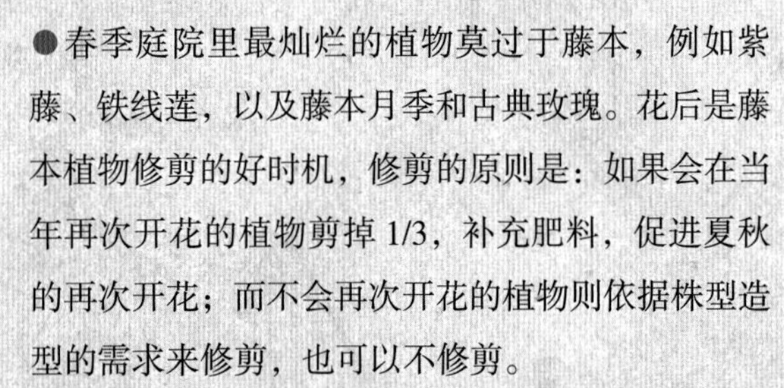

●春季庭院里最灿烂的植物莫过于藤本，例如紫藤、铁线莲，以及藤本月季和古典玫瑰。花后是藤本植物修剪的好时机，修剪的原则是：如果会在当年再次开花的植物剪掉 1/3，补充肥料，促进夏秋的再次开花；而不会再次开花的植物则依据株型造型的需求来修剪，也可以不修剪。

●另一种装点春季花园的植物是宿根植物，它们是比较省心的品种，只要在生长期浇水时追加氮肥和钾肥，出现花蕾后开始增施磷钾肥、减少氮肥施用即可。春季花后应该注意摘去残花，如果不留种子，连种荚也一并摘去。摘花的同时也可以伴随摘心，摘去枝条顶端的芽点有助于侧枝的发育，培育出更好的株型。

一些宿根植物的枝条会长得过长，容易倒伏，此时需要利用支架将比较软或有倒伏倾向的枝条绑扎起来，使其稳定向上生长。一些比较软的枝条也可以利用支架做出造型，丰富观赏效果。当宿根植物第一轮花开过之后，比如翠雀、东方罂粟等，将枝条剪去 1/3 或者 1/2，能促进其第二次生长花蕾，延长观赏期。

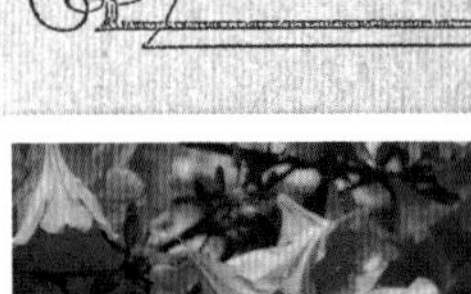

杜鹃

落叶的杜鹃花芽已经形成，这个时间移栽要剪掉部分花芽，才有较高成活率。

茶花、茶梅

盛花期，不能移栽，在开花结束后修剪整理树形。

绣球

3 月之前都是移栽的时机。选择合适的地点栽种，并及时补充水分。

牡丹

如无增加枝条的需要，春天应摘去从基部发出的新芽。施加稀薄的磷钾肥促进开花。开花时如遮阴可延长花期。

芍药

在大多数花蕾吐蜜时摘去多余的花蕾，使每个枝条只开一两朵花。施加稀薄的磷钾肥可促进开花，开花时如遮阴可延长花期。花后如无需留种可剪去残花。

圣诞玫瑰

圣诞玫瑰孕育花蕾，并在 2 月开始开花。花期给予液体肥料，并补充足够的水分。前年的旧叶片容易变黑，剪掉全部旧叶，只留下去年秋季萌发的新叶。

铁线莲（大花系）

春季是大花系铁线莲翻盆和补充肥料的时节，按照本期专题文章的方法修剪。

枫树

落叶期，可以在 1 月修剪整形和移栽。

栀子

畏惧干旱寒冷，干冷环境下应该给予适当的保护措施。

月季

春季是月季翻盆和追肥的时间，如果冬季没有修剪，也可以在这时修剪。

扶桑

天气回暖后，可以逐步增加通风，避免突然移出温室，对植株造成伤害。

百合

百合在 5 ~6 月开始孕蕾开花，注意扑灭蜗牛、鼻涕虫。

紫藤

修剪移栽应该在 3 月以前进行，藤条上会萌生花芽，不要剪掉。

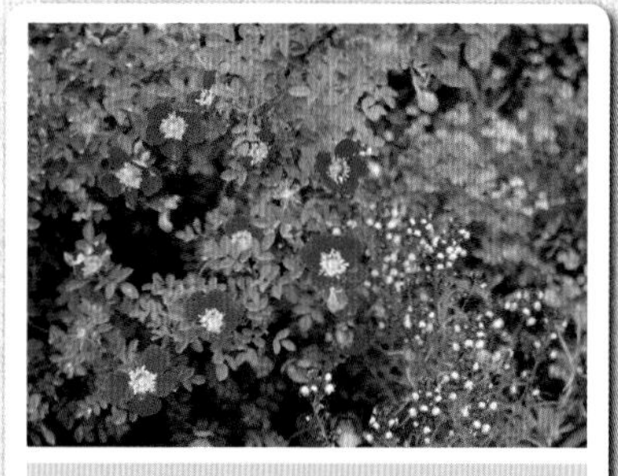

蔷薇、古典玫瑰

蔷薇、古典玫瑰多数是一季花，可以根据需要自由修剪，也可以留下残花以便秋季欣赏蔷薇果实。

铁线莲（早春系）

早春的铁线莲只开一季花，在花后如果株型杂乱，应该立刻修剪，否则到秋季再剪就来不及了。

鸢尾

鸢尾花后要剪去残花，及时捕杀蜗牛。

木绣球、荚蒾

早春花芽开始膨大，可在此时增施稀释过的磷钾肥，如需移栽请保留土团。

碗莲、荷花

长江流域在清明节左右栽种种藕。

看到图上淡粉色的小花，相信很多人第一反应是：“哇！好可爱的小玫瑰！”但当我们仔细看看它的叶片，就会发现其实它不是玫瑰，而是重瓣的非洲凤仙。

Pick up Plants

开放在春日的花篮和阳台

比玫瑰更像玫瑰的重瓣凤仙

姿容端丽的重瓣凤仙，越看越美

非洲凤仙（*Impatiens wallerana*）是凤仙花科的园艺花卉，原产于非洲东部，虽然可以多年生，但是一般都作一年生栽培。非洲凤仙有单瓣和重瓣品种，因为它长势旺盛、管理简单，成为了广受欢迎的夏季花卉，南方的花友如果注意观察城市的绿化带，就可以看到不少单瓣非洲凤仙的身影。

而非洲凤仙中的重瓣品种植株蓬松，花朵好像小玫瑰般的精致耐看，大量开花时不仅可以爆满花盆和花坛，还可以种成壮观的悬吊大花球，非常适合在花园和阳台种植。

凤仙花科凤仙属有很多可以用于观赏的植物，以亚洲和非洲的亚热带和热带地区为中心分布，品种超过 500 种。

新几内亚凤仙（*Impatiens hawkeri*），花朵较非洲凤仙大，大花品种的花径可达 7~8 厘米。比较起柔美的重瓣凤仙，新几内亚凤仙更加有野性风范。

我们童年时常常用来染指甲的指甲花(*Impatiens balsamina*）也是一种园艺凤仙花，它源自印度及缅甸一带，花朵有红色、粉红色、紫红色和白色。把大红色的花瓣摘下来捣烂，用明矾混合，包在指甲上敷一晚，指甲就可以呈现美丽的红色了。

此外，很多地区的野外还有原生的凤仙花水金凤、括苍凤仙等。水金凤有着娇嫩的黄色花，花梗纤长，随风摇曳，十分动人。

『重瓣非洲凤仙』3大魅力

重瓣非洲凤仙有匍匐生长且喜半阴的特性，花形美、株型整齐、花量大、花期长。特别适合庭院光照不充足的树下及花境组合的最外层，只要环境合适，表现非常完美。

魅力 1

优雅的花形 充满浓浓的少女气质

花形可爱，植株饱满，经过 2~3 次摘心，小玫瑰般的花朵大量盛开，做成吊篮或摆盆，甜美指数满分！

耐阴的特性 把角落装点得明媚动人

可以放置或栽种在只有散射光的地方，比如北面的院子或阳台，在这些地方花色柔和，匀称细致，是为阴地增添色彩的能手。

花期长 最适合狭窄的阳台和小园子

花期长，秋季随着气温降低，花色会更浓郁，每朵花保持的时日也更久。而广东因为冬季气候温暖，甚至可以四季赏花。

Column

植物小知识：花距

凤仙花的背后有一根长的脚状花距，花距里有蜜腺，从侧面看，好像一根长长的飘带。

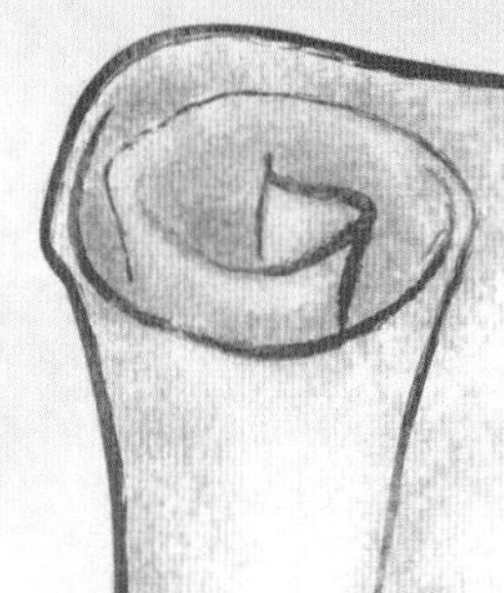

园艺达人经验谈

深圳花花公主花妮儿访谈

如何种好重瓣非洲凤仙

劳作完毕，捧一杯清茶，看着或妖艳或素雅的花儿们，感觉这就是我想要的全部生活。

深圳花花公主
园艺店店主

花妮儿

一位热爱花草热爱生活的美女，在打理花草的同时也喜欢和朋友们聚会喝茶聊花花，最拿手的植物是重瓣非洲凤仙、天竺葵、蓝白雪花、欧月等。同时还经营一家淘宝店：花花公主园艺。

Question 1

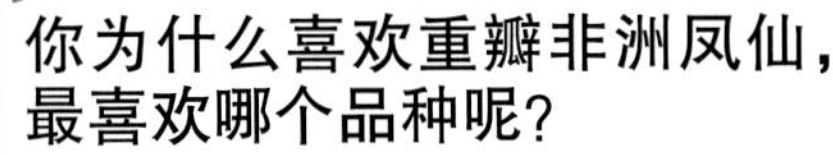

你为什么喜欢重瓣非洲凤仙，最喜欢哪个品种呢？

因为重瓣凤仙花期长，花量大，耐半阴，阳台和花园通用，花形像小玫瑰，生长速度快，容易成球，在南方花期从头年 10 月持续到第二年 6~7 月，如果温度能控制到 25℃左右可以全年开花。我多年实践后认为是最适合深圳种植的开花植物，没有之一！

Question 2

重瓣非洲凤仙适合什么样的环境？除了深圳，其他地区也可以种植吗？

最合适的应该算是东向的阳台和庭院的树荫下。南向可以在略有遮挡的地方，西向需要做好遮阴，北向也是可以种植的，只是花量相对略少一些。江浙沪、北方都可以种植，特别是山东，可以种得好漂亮！
最主要的是要保证温度在 25℃左右，空气湿度在 70％以上。

株型高大
强健的品种

红星条

深红白芯

超大玫粉

大花粉色

白色

株型紧凑
分枝多的品种

浅粉

玫红渐变

鲑红

龙沙粉

深粉

株型适中
花色艳丽的品种

橙色

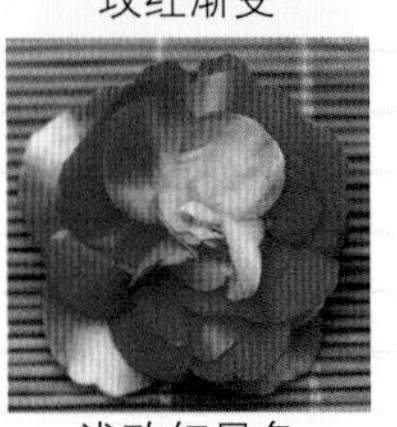
浅玫红星条

粉橙

樱桃红白双色

橙星条

Question 3 重瓣非洲凤仙的管理要点是什么?

[土壤]

■盆栽

中粗泥碳土＋珍珠岩，4∶1，要疏松、排水良好的介质，不然容易烂根，也可以用营养土。土里添加缓释肥。

■花坛

使用缓释肥或有机肥，如果土壤过于坚硬，需要添加泥炭改良。

[水分和肥料]

生长季节盆土七分干就可以浇水，浇水要浇透。穴盘苗假植时加适量的有机肥做底肥，可以持续到定植。定植时也以有机肥做底肥，后期3个月左右追肥一次，株型完整后可以10天一次喷施适量的开花肥以促进花蕾生长，一般2~3次即可。

[空气湿度管理]

重瓣凤仙喜欢80%左右的空气湿度，因为它开花季节恰逢湿度较高的时节，所以一般没有喷水的需要。碰到连续晴天，造成湿度过低，可以关注天气预报，如果湿度低于70%，就需要喷雾增加湿度，不然花苞外皮容易干掉，花苞包紧打不开，然后落蕾。也可以看看花苞表皮，如果变褐色和发黑就表示叶面空气湿度不够。相反，连续下雨要增加通风。

[摘心]

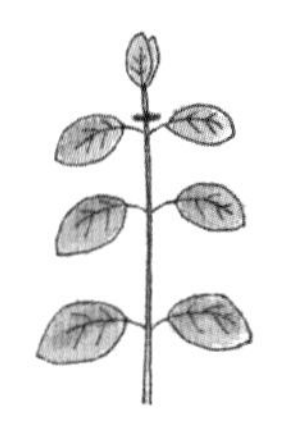

摘心可以增加枝条数量，让株型更丰满，也增加花数。有时花店买来的苗没有摘心，如果发现主干过长，分枝不够就要摘心，一般来讲，摘心2~3次比较合适。

■摘心方法

用干净的剪子剪掉茎顶的叶芽，促进腋芽发育。摘心的时间选择在晴天，免得雨水淋湿伤口引起感染。

第一次种植重瓣非洲凤仙，要注意什么呢? Question 4

[穴盘小苗]

在店铺或是网上买到128穴盘苗，正确的处理方法是等到穴盘的土团干至七分，换到直径10厘米的小盆里，浇透水，放置在通风良好、但没有大风，散射光充足的地方，缓苗一周之后摘心，等到侧芽长到有6片叶片再次摘心。

二次摘心后侧芽再长到6片叶片就可以定植到直径20厘米的盆里，一周之后再摘心，就可以形成一个小花球，经过反复摘心最终就变成了漂亮的大花球。

[花球大苗]

■重点是选择健康的花苗

每年春夏季园艺店都会有大株凤仙盆栽出售，心急的人来不及从苗开始培育，这时也可以直接到花市选购成品大盆花球，把专业大棚里培养好的凤仙花球拿回家，盛开的效果会非常惊人！有些花蕾已经开放，可以看着颜色来购买。

[盆苗]

■重点是培养发达的根系

穴盘苗假植用直径8~10厘米的小盆，盆苗定植时15~20厘米直径的盆子比较合适。重瓣凤仙根系生长旺盛，购买后，首先把盆土倒出来，确认根系状况。根系满盆的话，稍微去掉土壤，换上比原来大一号的花盆，如果花盆过大，土壤保水太多，会造成根部腐烂。根系还未长满的话则放回原盆，培养一段再换盆。

长期保持美丽花姿的秘诀

放置在半日照通风好的地方

凤仙是耐阴的植物，但是重瓣凤仙却喜欢阳光，同时又不耐受高温，所以最适合它的环境是通风好，上午可以照到阳光，下午阴凉的地方。南方地区度夏需要放在阴凉、空气流通好的地方，浇水以少量多次为宜，保持盆土不积水，防止烂根。南北方冬季低于 5℃都要做好保暖。

不要忘记追肥

除了在栽种和换盆的时候放置有机肥或缓释肥以外，每隔 10 天给予一次氮肥较少的液体。

喜欢水 更需要排水

喜欢水，水少花蕾干枯落蕾，水多根系容易腐败。使用排水良好的土壤以外，还要观察天气情况，土表面发白时，要立刻浇水。夏天浇水不要喷洒到植物上，否则会因为水珠的折射作用而灼伤叶片。雨后初晴时可以轻柔摇晃花株，甩掉水珠。

花后及时回剪 让植物恢复元气 欣赏秋季的好花

回剪的方法是在植物开花过后，株型已经散乱的时候，清理枝条后把每根枝条剪到剩下 3~4cm，然后放在阴凉处让它休养，1~2 个月后，就可以生出全新的饱满枝叶，孕育出大量花蕾来。长江流域以南都可以根据本地气候在夏季来临之前回剪，这样可以让植物在盛夏休养生长，秋季凉爽之后就可以欣赏到美丽的花儿了。

达人提示：秋季空气干净，花色看起来更美哦！

扦插示意图

1. 剪取插穗

2. 准备基质

3. 把插穗小心插入基质

4. 完成后浇水

5. 生根的扦插苗

*Column 北方地区的栽培要诀

来自威海花友 大海爱人的经验

在北方，重瓣凤仙最好看的季节是夏季和秋季，春季种下小苗，夏秋开成大花团，冬天放在暖气房度过，有些暖气房太干燥，不利于开花，而湿度较高的房间，则完全可以开得很美，唯一需要注意的是防治红蜘蛛。

北方回剪的时间是秋末，秋季的花儿开过后，修剪到 3cm 左右的长度，正好拿进阳台室内（北方放在户外是会冻死的，重瓣凤仙能够忍受的最低温度是 0℃左右）。

我还建议利用剪下的枝条扦插，更新植株。在秋季降温前剪下健康的枝条扦插，一个月左右就可以得到很多小苗，把小苗放在温暖的室内过冬，到春天就可以种出新的一盆凤仙了！

扦插方法：我一般用粗粒的纯蛭石，浇透水控干，然后把插穗插入，放到有明亮散射光的地方，比如北窗台就可以，盖上保湿的膜更好。如果温度不是太低，一周左右生根。水培也可以，非常容易生根，但是水生根需要先种到干净的基质里适应，不如直接插到基质土生根，这样耐移栽，不用再费时间适应。

和绿手指一起打造新的生活！

绿手指园艺丛书

最受欢迎的园艺图书

铁线莲完美搭配

及川洋磨　著
定价：48 元

铁线莲栽培入门

及川洋磨　著
定价：39 元

节气手帖：蔓玫的花花朵朵

蔓玫　著
定价：58 元

铁线莲栽培12月计划

米米童　著
定价：48 元

月季、圣诞玫瑰、铁线莲的种植秘籍

小山内健、野野口稔、金子明人　著
定价：55 元

节气手帖：蔓玫的蔬果志

蔓玫　著
定价：68 元

铁线莲与藤蔓植物

大卫 · 加德纳　著
定价：45 元

阳台花园

FG 武蔵　著
定价：48 元

厨余变沃土

绿精灵工作室　著
定价：35 元

庭院花木修剪

妻鹿加年雄　著
定价：48 元

玫瑰花园

FG 武蔵　著
定价：45 元

花园医生

乔 · 惠廷汉姆　著
定价：78 元

花园手册

让 · 保罗 · 科拉尔特　著
定价：98 元

花园设计师：成功打造花园的 12 步规划

珍妮特 · 马肯诺维奇　著
定价：48 元

花园植物完美搭配

本尼迪克特 · 布达松　著
定价：48 元

多肉植物新"组"张

JOJO　著
定价：39.8 元

种菜书

吴当　著
定价：45 元

这辈子一定要当一次农夫

林黛羚　著
定价：58 元

园居的一年

兔毛爹　著
定价：58 元

老屋绿改造

林黛羚　著
定价：58 元

人人都能轻松制作的花环 BOOK

黑田健太郎　著
定价：42 元